新型职业农民科技培训教材

农作物植保员知识读本

吴章强　吕春和　赵姝兰　主编

中国农业科学技术出版社

图书在版编目(CIP)数据

农作物植保员知识读本 / 吴章强,吕春和,赵姝兰
主编. —北京:中国农业科学技术出版社,2014.7
 ISBN 978 - 7 - 5116 - 1726 - 2

 Ⅰ.①农… Ⅱ.①吴… ②吕… ③赵… Ⅲ.①作物—
植物保护 Ⅳ.①S4

中国版本图书馆 CIP 数据核字(2014)第 138209 号

责任编辑	崔改泵
责任校对	贾晓红

出 版 者	中国农业科学技术出版社
	北京市中关村南大街 12 号　邮编:100081
电　话	(010)82106624(发行部) (010)82109194(编辑室)
传　真	(010)82106624
网　址	http://www.castp.cn
经 销 者	各地新华书店
印 刷 者	北京富泰印刷有限责任公司
开　本	850mm×1 168mm　1/32
印　张	4.875
字　数	110 千字
版　次	2014 年 7 月第 1 版　2015 年 7 月第 3 次印刷
定　价	22.80元

《农作物植保员知识读本》
编委会

目　　录

第一章 植保员职业道德及法律知识

植保员的工作不仅是防治病虫害,减少损失和提高经济效益,而且关系食品安全、人畜安全以及环境保护。要成为合格的植保员,不仅要掌握有关病虫害防治的基本知识和药械使用的技能,还要热爱本职工作、勤奋学习和遵纪守法。只有出色地完成植保工作,才能为农作物生产、果蔬生产和植保工作的标准化作出贡献。对植保员素质、基础知识以及基本技能的考核是十分必要的。

第一节 植保员的职业道德及相关法规

一、职业素质

植保员是预防和控制病、虫、草、鼠等有害生物为害,并保证农产品以及食品安全生产的重要岗位。因此,植保员一定要遵守职业道德和相关法规,完成好本职工作。作为一名合格的植保工作者应具备的职业道德有以下3个方面。

（一）爱岗敬业,热情服务

在选择了植保员这一岗位后,首先应充分认识植保工作的意义和重要性。只有对本职工作有了充分认识后,才会热爱自己的工作,认识到自己所从事职业的社会价值,从而产生责任感和使命感,激发学习热情,并在此基础上发挥聪明才智,有所作为。

作为植保员,在生产第一线从事病虫害的调查和防治工作,是为生产和农户服务的工作。有时病虫害的发生是非常突然的,除要冷静处理还必须主动热情,这是作为植保员应具备的素质。

(二)勤奋学习,有所创新

要胜任植保员这一工作,不仅要有充分的认识和为人民服务的思想准备,还要具有勤奋学习、深入钻研的精神。

病、虫、草、鼠等有害生物的种类多、分布广、来源复杂,在诊断和防治上都有很大难度,加上植保科学发展迅速,新农药、新技术不断出现,这就要求我们不断地学习充实自己,刻苦钻研,勤于思考,提高自己的业务能力。不仅从书本上学习,更重要的是在实践中不断总结经验,发现问题,带着问题去参加培训,参加各种交流活动,请教专家及与有经验的同行交流。

(三)遵纪守法,规范操作

植保员的工作与食品安全、人畜安全以及环境保护息息相关。因此,我国政府十分重视植保工作,并为此制定了相应的法律法规来规范植保工作的行为。遵纪守法,按法律法规及标准办事,严格执行操作规程,这不仅是植保工作规范化的需要,也是处理突发事件、解决纠纷和矛盾的依据。

二、相关法律法规

植物保护工作与农产品质量息息相关,同时在预防和控制病、虫、草、鼠及其他有害生物对农业生产为害的过程中,经常与农药等有毒化学物品打交道,因此,世界各国政府,都对由此而来的对人畜危害及环境保护、安全生产等问题十分重视,制定相应的法律法规来规范其活动。我国历届政府也十分重视其相关活动法律法规工作的制定,并从国情出发,相继制定、修改和完善了多项法律法规,取得了很大成效,对推进农业生产的发展和提高产品质量起到了非常积极的作用。

农作物植保员要熟知和掌握的主要法律法规有《植物检疫条例》及实施细则、《农药管理条例》及实施细则、《中华人民共和国农业法》《中华人民共和国种子法》《中华人民共和国植物新品种保护条例》《中华人民共和国产品质量法》《中华人民共和国经济合同法》。

三、植保员应掌握的知识和技能

作为一名合格的植保员,首先必须掌握与植保工作相关的基础知识,如病虫害是怎样发生的?引起病虫害有哪些病原物和昆虫?我们常说"对症下药",因此,正确的诊断是防治病虫害的第一步,也是关键的一步。如何才能准确诊断出病害或虫害的种类,就需要掌握植物病害和农业昆虫的基本知识和田间诊断的技能。如蔬菜叶片变黄,是病害还是缺肥引起的,除要仔细观察叶片的症状和发生发展的情况,还要结合周围叶片情况和环境综合考虑。诊断工作是一项专业的工作,还需要了解种子、水肥管理、土壤、气候及保护地状况等,如日光温室内的小气候等诸多知识。

为了制定合理的防治措施,确定防治的时间,必须进行田间调查,掌握病虫害发生的规律,这就要掌握田间调查的方法,如防治害虫时要掌握在害虫幼龄(三龄以前)时期防治,到了成虫抗药性强的时候防治,效果不好。做好病虫害的防治工作,还要懂得农药(如杀虫剂、杀螨剂、杀菌剂、杀线虫剂、除草剂)以及植物生长调节剂的种类和性能,使用时的注意事项,喷施农药的器械使用和保养等方面的知识。

第二节　植保员考核标准

植保员考核的标准应从以下 3 个方面衡量:一是思想品德方面的考核,植保员应具有爱岗敬业、遵守职业道德的基本素质;二是植保员应牢固掌握植保专业的基础知识;三是植保员应具有诊断病虫和田间调查的基本功及蔬菜病虫害防治的田间实际操作技能。

一、爱岗敬业,善于学习,遵守职业道德

爱岗敬业是衡量植保员的基本标准,只有热爱自己岗位的人,认识本职工作的意义和赋予的社会责任,才能发挥自己的聪明才智,兢兢业业干好本职工作。

农业生产结构的不断变化,使得病虫害的情况也不断变化,新农药新技术不断出现。所以,要善于学习,不断钻研业务,掌握新的知识和新的技术。要获得新的知识和技术,就应参加各种培训班,经常在电视、广播以及网络中学习。

由于植保工作关系到食品安全、人畜安全以及环境保护等重大责任,因此严格遵守职业道德,了解、认识和遵守相关的法律法规;认真贯彻我国的"预防为主,综合防治"的植保方针和"公共植保""绿色植保"的理念;不使用禁止在农作物上使用的农药,规范操作是植保员所必须具备的素质。

二、牢固掌握植保的基础知识

植保工作是专业性很强的技术工作,面对复杂而不断变化的农业生态环境、多种多样的农作物以及千百万种的有害生物,为了做好本职工作,应牢牢掌握植保方面的基础知识,知识就是做好植保工作的本钱。

农业方面的知识是非常广泛的,如作物、土壤、气象以及环保等方面,这些知识对做好植保工作都是十分重要的,但就植保专业方面的基础知识来说,应包括3个方面,即植物病害、农业昆虫和农药(械)3个方面的基础知识。首先要了解植物病害是怎样发生的,引起病害的原因有哪些,尤其是引起侵染性病害的病毒、细菌和线虫的特性,病害发生的规律,即病原物侵染的过程(病程)和侵染循环等。农业昆虫方面的基础知识,应了解害虫的种类、害虫发育和繁殖的规律、如何保护和利用害虫的天敌等。农药的基础知识包括分清农药的种类、特性、科学合理的使用方法和注意事项以及使用和保养植保器械。

三、熟练掌握实际操作能力

识病、认虫和合理使用农药的基本功是植保员应具备的。作为一名合格的植保员应该掌握当地主要农作物上发生病虫害的种类及发生规律,能对当地可能发生的病虫害作出初步的预测、估计和判断,提前做好防治工作的各项准备,做到心中有数,就要掌握田间调查的方法,根据田间调查得来的数据,经分析判断,得出最佳的防治时间和方法,做好综合防治计划。

在综合防治工作中,要充分认识我国"预防为主,综合防治"方针的实践意义,头脑里始终要有"防重于治"的观念,在综合防治中应以农业防治、物理防治、生物防治、化学农药防治互相协调应用,不要单一地使用化学农药防治的方法,这样就会以最小的成本达到最大的经济效益和生态效益。

植保员应掌握的基本知识和实践操作能力,除农业生产的全面知识外,对植保方面上述的专业知识应全面了解和掌握运用。在生产第一线的植保员必须了解病虫害预测、预报的基本常识,掌握田间调查、统计和分析的方法,会制定防治某种病虫害综合防治方案与进行实施的能力。

第二章　农作物病虫害的识别与防治知识

第一节　水稻主要病虫害的识别与防治知识

一、稻瘟病

(一)病害概述

稻瘟病常见的有叶瘟和穗颈瘟两种。该病蔓延快,为害重,流行年份一般每亩(1 亩≈667 平方米。全书同)减产10%～20%,严重的减产40%以上。病原以分生孢子和菌丝体在稻草和稻种上越冬,病菌孢子借气流、雨滴、水流、昆虫传播。叶瘟以分蘖盛期和孕穗末期最易感病,穗瘟则以破口期最易感病。菌丝生长温度范围在 8～37℃,最适温度26%～28%,孢子形成温度范围在10～35℃,最适温度25～28℃,相对湿度在90%以上,多雨潮湿天气是病害流行的主要条件。偏施、迟施氮肥,土壤干旱或长期深灌,冷水灌田或日照不足,种植感病品种,都容易诱发稻瘟病。

(二)综合防治方法

稻瘟病防治应采用以种植抗病优质品种为中心,健身栽培为基础,药剂保护为辅助的综合防治措施。

(1)合理利用抗病品种。稻瘟病菌生理分化显著,高抗品种大面积种植容易丧失抗病性,利用抗病品种要注意选择适合本地区的抗病良种,注意抗病品种的合理布局,切忌抗病品种大面积单一种植。

(2)科学田间管理。培育壮秧,施足基肥,增施钾肥、锌肥、有机肥,巧施穗肥,适时晒田。

(3)种子处理。用强氯精消毒,先将稻种预浸(早稻预浸24小时、晚稻12小时),然后浸在强氯精300~400倍液中消毒12小时,洗净药液后催芽,可兼治细菌性条斑病、白叶枯病;或10%401抗菌剂1 000倍液浸种48小时;或80%402抗菌剂2 000倍液浸种48~72小时,直接催芽;或20%三环唑可湿性粉剂500~700倍液浸种24小时,洗净后催芽。

(4)药剂防治。叶瘟应在发病初期(病叶率3%时)喷药保护,穗瘟在抽穗初期喷药保护,以后视天气情况决定喷药次数。药剂选择:每亩75%三环唑可湿性粉剂30克或40%富士1号100克或40%克瘟散乳油150~200克。为了保证药剂防治效果,每亩应保证50千克用水量,不宜盲目加大用药量。

二、稻纹枯病

(一)病害概述

稻纹枯病在早、晚稻发生普遍且严重,无论发生面积还是为害损失均居水稻病虫害之首。水稻感病后,轻则影响谷粒灌浆,重则引起稻株枯萎倒伏,秕粒增加,千粒重降低,产量损失很大。稻纹枯病主要以菌核在土壤中越冬,第二年春季随着灌水犁耙,漂浮在水面上的菌核萌发抽出菌丝,侵入叶鞘形成病斑,在病斑上再长出菌丝,向附近蔓延,引起新病斑。以后病斑部产生菌核,落在水中,随水流传播蔓延。气温20℃以上开始发病,25～31℃和多雨是病害流行的有利条件。凡高温高湿,偏施氮肥,植株柔嫩,披叶多,透光差,以及长期深水灌溉和多雨天气,发病就重。

该病一般从分蘖期开始发病,分蘖后期、孕穗至抽穗期最易感病,孕穗期前后发病达到最高峰。早稻发病始期一般为5月上旬,流行期为6月上中旬,晚稻发病始期为8月中下旬,流行期为9月上中旬。

(二)综合防治方法

水稻纹枯病的防治应以农业措施为基础,结合药剂防治。

(1)抓好以肥水管理为中心的栽培防病:做到合理密植、合理施肥,湿润灌溉,适时晒田,肥料应注意稳施氮、磷肥、增施钾、锌肥。以施足基肥、保证穗肥为原则,水稻生长中期不宜施氮肥提苗。灌水要贯彻"前浅、中晒、后湿润"的原则。

(2)药剂防治:以保护稻株最后3～4片叶为主,施药不宜过早(拔节期以前)或过迟(抽穗期以后)。药剂选择:5%井冈霉素水剂每亩150毫升或12.5%纹霉清水剂100～200毫升,或20%纹霉清悬浮剂60～100毫升或15%粉锈宁可湿性粉剂50克,对水50～70千克喷雾。喷雾时要保证用水量,喷到稻株中、基部。

三、水稻细菌性条斑病（简称"细条病"）

（一）病害概述

细菌性条斑病是目前我国在水稻上的植物检疫对象。20 世纪 90 年代以来发生为害逐年加重。叶面受害后，严重影响光合作用，导致谷粒不饱满、空秕率增加，产量降低。该病由细菌引起，属白叶枯病菌种内的一个变种，生长适温为 28～30℃，主要为害叶片。病斑最初为暗绿色水渍状半透明小点，后在叶脉间逐渐扩展成长短不一的水渍状细条斑，呈黄褐色或橙黄色，并有许多珠状蜜黄色菌脓，以叶背居多。对光观察，条斑呈半透明状。受害严重的如火烧状。细菌性条斑病主要是通过带病种子、病稻草、病田水等传播为害的，其中带病种子是初侵染来源。从气孔或伤口侵入，借风、雨、露水、灌溉水和人畜走动传播。高温、高湿、大风、多雨是病害的流行条件，尤其是在 8～9 月间多暴雨、台风季节蔓延最为迅猛。偏施氮肥或种植密度过密的田块发生较重。

（二）综合防治方法

（1）加强检疫。不从病区向无病区调种或引种，并尽量选用抗耐性较强、丰产性能较好的品种种植，带病稻草及时烧掉。

（2）做好农业防治。合理施肥，浅水勤灌，适时露晒田，严禁串灌漫灌、实行排灌分家。

（3）做好种子消毒。方法同稻瘟病。

（4）抓住关键时期及时施药。发病始期或台风过后及时防治、控制蔓延为害，发病严重的田块隔 7 天再用药一次。

有条件的可增施黑白灰。药剂使用方法:首选药剂为龙克菌,每亩用 100 克对水 50 千克或 20％叶青双(川化 018)可湿性粉剂 100～150 克加水 60 千克喷雾。后期发病仍较重,可与磷酸二氢钾等根外肥混合喷施。

四、稻白叶枯病

(一)病害概述

该病由细菌引起。水稻受害后,先在叶尖或叶缘出现暗绿色斑点,后变成黄色长条形病斑,同健部界线明显,如波纹状;后期在叶面有小珠状菌酯。该病主要在晚稻发生。前后期偏施、重施氮肥,稻田渍水、受淹或禾苗受台风、大风刮伤后,都易发生或流行,一般在 9 月中下旬流行。

(二)综合防治方法

稻白叶枯病的防治应以控制菌源为前提,以种植抗病品种为基础,秧苗防治为关键,狠抓肥水管理,辅以药剂防治。

(1)农业措施。培育无病壮秧,加强肥水管理,切忌深灌、串灌、漫灌。

(2)利用抗病品种。早稻抗病品种有:二九丰、特青 1 号、湘早籼 3 号等。中稻:杨稻 4 号、杨稻 6 号、杨稻 7 号、水源 290、抗优 63 等。晚稻有:秀水 664 等。

(3)杜绝病苗入田,进行种子处理。用 80％402 抗菌剂 2 000 倍液浸种 48～72 小时或 20％叶青双可湿性粉剂 500～600 倍液浸种 24～48 小时。

(4)药剂防治。病区关键抓秧田防治和发病前期的防治,秧田在秧苗三叶一心期进行,大田在出现零星病株(发病中心)时进行。药剂每亩用 20％叶青双（川化 018）可湿性粉剂 125 克，或 25％叶枯灵可湿性粉剂 300 克，或 12％施稻灵悬浮剂 30 毫升，或 10％氯霉素可湿性粉剂 70 克等对水 75千克喷雾，大田初病期每隔 7 天连续喷洒 2～3 次。

五、稻粒黑粉病

(一)病害概述

稻粒黑粉病是由稻尾孢黑粉菌侵染引起的真菌病害，全国各主要稻区都有发生，尤其在杂交稻制种田受害更甚。该病为害穗部，一般仅个别小穗受害，病粒外表带污绿色或污黄色，内部隐约显示有黑色物，成熟时腹部裂开露出圆锥形黑色角状物，病谷全部或部分被黑粉代替，有些病粒呈暗绿色，不开裂，似青秕谷，手捏有松软感，内部充满黑粉(冬孢子)。病菌孢子主要在土壤中或种子内外越冬，翌年萌发产生担孢子或次生担孢子，随气流传播至花器、子房或幼嫩的谷粒上萌发侵入。水稻扬花至灌浆期遇高温、多雨等条件发病加重。

(二)综合防治方法

该病应采用减少菌源、栽培控病和穗期药剂保护相结合的防治策略。

(1)减少初侵染菌源。合理轮作，深耕，选无病种子等。

(2)栽培控病。合理配方施肥，加强水肥管理，适当使用"920"等措施，促进花期相遇等。

(3)种子处理。方法可参照水稻烂秧进行。

(4)药剂防治。母本盛花期进行药剂防治是控病的关键措施。每亩用 50％多菌灵可湿性粉剂 150 克,或 70％甲基托布津可湿性粉剂 100 克,或 20％粉锈宁乳油 80 毫升,或 40％灭病威 200 毫升,或灭黑 1 号 300 毫升对水在盛花期喷雾1～2 次。

六、稻飞虱

(一)害虫概述

稻飞虱是远距离迁飞,具有暴发性和突发性的害虫。其种类很多,主要以灰飞虱、白背飞虱和褐飞虱为主,成虫有长、短翅型两种。这 3 种飞虱均以成虫和若虫群集稻株基部刺吸汁液,造成叶片枯黄,严重时全株枯死,出现"踏圈"现象,导致减产。稻飞虱一年发生 7～8 代,世代重叠。早春旬均温高于 10℃越冬若虫开始羽化,生长最适温度 15～30℃。成虫趋光性强,卵多产于叶鞘里;短翅型成虫产卵量大,如数量多为大发生预兆。早稻一般 5 月上旬始见,以第三四代为主害代,发生为害高峰期分别为 5 月底至 6 月上旬、6 月下旬至 7 月上旬;晚稻一般 8 月中下旬始见,以第六七代为主害代,发生为害高峰分别为 9 月上中旬、10 月上中旬。白背飞虱以分蘖期、大胎期最为适宜取食,褐飞虱和灰飞虱穗期最为适宜取食,因此,第三六代以白背飞虱为主,第四七代以褐飞虱为主。温暖高湿的气候有利于稻飞虱繁殖为害。一般初夏多雨、盛夏干旱的年份,易导致白背飞虱大发生;夏秋多雨,盛夏不热、晚秋暖和,有利于褐飞虱发生。水稻后期贪青徒长,田间荫蔽、高湿,对褐飞虱的发生与繁殖非常有利。

（二）综合防治方法

（1）农业防治。做到科学用水，浅水勤灌，适时露晒田，合理施肥，避免禾苗徒长贪青，抑制稻飞虱的生长繁殖。

（2）保护利用天敌。如不使用甲胺磷等剧毒并对天敌有杀伤作用的农药，采用选择性药剂，调整用药时间，减少用药次数，以避免大量杀伤天敌，发挥天敌控制作用。稻飞虱的天敌种类很多。其中寄生卵、捕食卵的主要有稻虱缨小蜂和黑肩绿盲蝽；成若虫的天敌主要有鳌蜂、线虫、蜘蛛和寄生菌等，它们对稻飞虱的发生都有不同程度的抑制作用。

（3）药剂防治。主要药剂有吡虫啉、叶蝉散、优乐得、优佳安、好年冬、米乐尔、爱乐散、巴沙、爱卡士和扑虱灵等。

七、稻瘿蚊

（一）害虫概述

稻瘿蚊，俗称"标葱虫"，是晚稻上的重要害虫。主要为害水稻生长点及其附近的腋芽。幼虫侵害水稻生长点，被害叶鞘愈合，形成淡绿色而中空的葱管状，俗称"标葱"。葱管分为甲、乙、丙型三种标葱。禾苗受害后，只长葱，不长苗，不结实。一年发生 8 代，世代重叠。其幼虫主要在蓉草、再生稻上越冬。成虫春末羽化，有趋光性，卵多散产在叶片上，初孵幼虫借露水在叶上爬行，由叶鞘间隙侵入生长点为害，老熟后在葱管内化蛹。羽化时，成虫从管顶穿孔而出。7～9 月份，多雨高湿年份有利于稻瘿蚊发生；凡"倒春寒"年份都有大发生的趋势。秧苗期至现青期，本田分蘖期是最易受侵害的危险期，如发生条件吻合，禾苗就会严重受害。

　　稻瘿蚊以第二代为害早稻造成无效分蘖,第三四代为害晚稻秧田,第五六代为害晚稻本田,其中,以第四五代分别为晚稻秧田和本田的主害代。

　　(二)综合防治方法

　　(1)加强农业防治和健身控制栽培。早稻收割后,及时犁田耙沤并铲除田基、沟边杂草、消灭杂草及稻根腋芽、再生稻上的虫源。晚稻在 7 月上旬播完种,在 8 月 5 日前插完,可分别避过或减少第三代、第六代的为害时间。施足基肥,施分蘖肥,促进禾苗早生快发,及早分蘖、尽快够苗,减少为害。

　　(2)保护利用天敌。稻瘿蚊寄生蜂种类较多,寄生率较高,有时可高达 90％以上,需加以保护利用。

　　(3)科学用药、扑灭为害。重抓秧田防治关,可减少本田受害和防治难度。秧田防治采用毒土畦面撒施的方法,效果好。每亩秧田用 10％益舒宝 1.2 千克,或 3％米乐尔 1.5 千克,拌细沙 15 千克均匀撒施。施药时秧田要保持水层,并让其自然落干。旱育秧田使用喷雾法。每亩用三唑磷 250 克对水,隔 5 天喷 1 次,连喷 3 次。水育秧也用此法。历史发生区或大发生年份则插后应重药重肥,每亩施尿素 7～10 千克,钾肥 7～10 千克,同时每亩用益舒宝 1.2 千克,或米乐尔 1.5 千克,拌细沙 15 千克,或拌肥撒施。

八、稻纵卷叶螟

　　(一)害虫概述

　　稻纵卷叶螟属迁飞性害虫,一年发生 5～7 代。以幼虫或蛹在沟边、塘边杂草上越冬,翌年 4 月间成虫在早稻田产卵繁殖为害。幼虫吐丝将叶片卷成管形虫苞,在苞内啃食叶肉,留下表皮成白色条斑,严重时全田枯白,影响稻株生长,结实不饱满。成虫有趋光性及趋嫩绿、茂密和群集性,卵多散产于叶片上。幼虫分5龄,3龄后食量大增,一头幼虫一生可为害叶片5~9片。老熟幼虫多在稻丛下部或禾叶反折作茧化蛹。一般阴天多雨、湿度大,以及禾叶过于浓绿,都利于成虫产卵和卵的孵化。

(二)综合防治方法

(1)农业防治:合理施肥,控制水稻苗期猛发旺长、后期贪青,增强水稻的耐虫性,减少受害损失。

(2)生物防治:保护自然天敌,增加卵寄生率。以菌治虫,目前采用BT乳剂防治,效果较好。

(3)化学防治:应狠抓主害代的药剂防治。用药时期一般在2龄幼虫盛发期。常用农药有:50%杀螟松乳油(每亩100克),或每亩用好劳力60~80毫升,或锐劲特30毫升加三唑磷60毫升,分别对水60千克,喷雾。一般在傍晚喷药效果较好。

九、黏虫

(一)害虫概述

黏虫又称剃枝虫、行军虫,是一种为害粮食作物和牧草的多食性、迁移性、暴发性大害虫。我国除西北局部地区外,其他各地均有分布。大面积发生时可把作物叶片食光,而在暴发年份,幼虫成群结队迁移时,几乎所有绿色作物被掠食一空,造成大面积减产甚至绝收。我国从北到南1年可发生

2～8代。成虫有迁飞特性,3、4月间由长江以南向北迁飞至黄淮地区繁殖,4、5月间为害麦类作物,5、6月间先后化蛹羽化成为害虫后又迁往东北、西北和西南等地繁殖为害,6、7月间为害小麦、玉米、水稻和牧草,7月中下旬至8月上旬化蛹羽化成虫向南迁往山东、河北、河南、苏北和皖北等地繁殖,为害玉米、水稻。在北纬33度(1月份－2～0℃)等温线以南幼虫及蛹可顺利越冬或继续为害,在此线以北地区不能越冬。成虫对糖醋液和黑光灯趋性强,幼虫昼伏夜出为害,有假死性和群体迁移习性。黏虫喜好潮湿而怕高温干旱,相对湿度75%以上,温度23～30℃利于成虫产卵和幼虫存活。但雨量过多,特别是遇暴风雨后,黏虫数量又显著下降。在玉米苗期,卵多产在叶片尖端,成株期卵多产在穗部苞叶或果穗的花丝等部位。边产卵边分泌胶质,将卵粒粘连成行或重叠排列粘在叶上,形成卵块。

(二)综合防治方法

(1)压低越冬代及第一代虫源数量。在南方黏虫可顺利越冬地区压缩小麦种植面积,可压低越冬代及第一代虫源数量,秋季在玉米、高粱等高秆作物田内结合中耕培土,锄草灭荒,对控制三代黏虫效果明显。

(2)诱杀成虫。从黏虫成虫羽化初期开始,用糖醋液、黑光灯或枯草把可大面积诱杀成虫或灭卵。

(3)化学防治。在水稻、玉米、高粱苗期百株有幼虫20～30头时,或玉米生长中后期百株有幼虫50～100头时,就应施药防治。在幼虫3龄以前,每公顷用灭幼脲1号(有效成分15～30克),或灭幼脲3号(有效成分5～10克),加水后常量

喷雾或超低容量喷雾,田间持效期可达 20 天。也可用 90%
敌百虫 1 000 倍液或 80%敌敌畏 1 000 倍液,或 50%辛硫磷
乳油 1 500 倍液,或 25%氧乐氰乳油 2 000 倍液均匀喷雾。

(4)保护、利用天敌。黏虫天敌有蛙类、鸟类、蝙蝠、蜘
蛛、线虫、螨类、捕食性昆虫、寄生性昆虫、寄生菌和病毒等多
种。其中步甲可捕食大量黏虫幼虫,黏虫寄蝇对一代黏虫寄
生率较高。黏虫黑卵蜂对卵寄生率较高,在有些地区黏虫卵
索线虫对黏虫幼虫寄生率很高。麻雀、蝙蝠可捕食大量黏虫
成虫,瓢虫、食蚜虻和草蛉等可捕食低龄幼虫,各地可根据当
地情况注意保护利用这些天敌。

十、稻蓟马

(一)害虫概述

稻蓟马在全国各稻区各地普遍发生,主要为害水稻,尤
以水稻秧苗和分蘖期受害最重,并能为害小麦、玉米、高粱、
甘蔗、葱和烟草等作物,而游草、稗草、看麦娘是它的重要中
间寄主。成虫及若虫以锉吸式口器锉破水稻叶面成微细黄
白色伤斑,由叶尖开始,渐至全叶卷缩枯黄。抽穗扬花期集
中为害嫩穗,造成秕谷。

稻蓟马世代历期短,在 23~25℃时,完成一代只需 15~
18 天。在南方部分地区一年可以发生 15 代以上,田间世代
重叠,主要以成虫在游草或其他禾本科杂草心叶内越冬。稻
蓟马是典型的水稻早期害虫,具有趋嫩绿、隐蔽的特性。水
稻的生育前期,即秧苗期及本田分蘖期的虫口密度最高,受
害最重。尤其 3 叶期至 7 叶期是稻蓟马为害水稻的盛期。水

稻圆秆拔节后,虫口密度显著下降。雌虫有趋嫩绿秧苗产卵的习性;早秧 2 叶期见卵,3～5 叶期着卵多;晚秧 3～5 叶期着卵多,6 叶期后则少。本田的分蘖期比圆秆期的虫口大几倍。成虫、若虫都怕光,多隐匿于水稻心叶或卷叶内吸食。为害穗部的稻蓟马,因食害颖壳内壁或子房,影响结实,造成颖壳变褐或成秕谷。夏秋两季,在早、晚稻后期稻秆落黄、稻叶组织粗老之际,大部分害虫急忙转移到田边幼嫩的游草等禾本科植物上,秋后以成虫、卵、若虫等各个虫态在再生稻、游草等禾本科植物上越冬。无明显的滞育现象,在暖冬年份,尚能继续取食、发育和繁殖,不过发育速度较为缓慢。

(二)综合防治方法

(1)农业防治。结合冬春积肥,铲除田边、沟边杂草,特别是秧田附近的游草及其他禾本科杂草等越冬寄主,可有效降低虫源基数;栽插后加强管理,促苗早发,适时晒田、搁田,可提高植株耐虫能力,对已受害的田块,在药液中每亩加入 150 克尿素一起喷雾,能使稻苗迅速恢复生长;同一品种、同一类型田应集中种植,改变插花种植现象;受害水稻生长势弱,适当地增施肥料可使水稻迅速恢复生长,减少损失。

(2)生物防治。保护利用天敌是稻蓟马综合防治的重要措施。稻田可捕食稻蓟马的天敌较多,如稻红瓢虫、草间小黑蛛、微小花蝽、捕食性蓟马等,它们对稻蓟马的发生有较大的抑制作用。

(3)化学防治。由于稻蓟马繁殖周期短促,应重视田间观察及测报,要做到及时发现,及时防治。策略是"狠治秧田,巧治大田;主攻若虫,兼治成虫"。在若虫发生盛期,当秧苗百株虫量 200～300 头或卷叶株率 10％～20％,水稻本田百株虫量 300～500 头或卷叶株率 20％～30％时,应进行药剂防治。①催芽露白后或播种前,每 5 千克左右种谷拌 10％蚜虱净(施可净)可湿性粉剂 25 克,可在 30 天内基本控制稻蓟马,并可有效预防苗期稻飞虱和叶蝉为害。②用 35％好年冬(丁硫克百威)种子处理剂拌种,用药量为干种子重量的 0.6％～1.1％,在常规方法浸种后拌匀药剂,然后踏谷播种。③用 10％蚜虱净粉剂 2 000 倍液,乐果乳剂或 90％晶体敌百虫 1 000 倍液喷雾。

第二节　小麦主要病虫害的识别与防治知识

一、锈病

(一)病害概述

锈病可分为条锈病、叶锈病和秆锈病 3 种,其中,以条锈病较为普遍,感病小麦无法进行光合作用,影响小麦对水分的吸收,严重时小麦叶、秆干枯,穗小,秕粒,导致减产。

锈病发展分为三个阶段:一是发生期,在越冬前后出现,其病叶表现不太明显;二是潜伏初期,即小麦返青到孕穗期,开始由单片病叶向四周扩散;三是流行期,很快使病叶发展到传病中心,使整个麦田受染患病。锈病是一种气传病害,其防治关键期是冬季。

气温在 5～10℃时病菌繁殖较快,在 1～4℃时也能繁殖。它喜欢温暖、潮湿的环境,喜在播种早、低洼地湿、窝风、大树遮阳和易感品种等的麦田潜伏。

(二)综合防治方法

(1)农业防治:选用抗病品种是防治小麦锈病最经济有效的措施。由于小麦锈病病菌新的品种不断产生,要不断选育新抗病丰产品种,并注意小麦品种搭配轮换种植,避免长期种植单一品种。同时应及时播种,防过早或过晚,合理密植避免群体过大。施足基肥,增施磷、钾肥,实行配方施肥,巧施追肥,提高小麦抗病能力。切忌氮肥偏多偏晚。多雨时排水,降低湿度,发病后由于植株失水过多,要及时灌水以减轻为害。秋播前要铲除麦场、麦田周围、路边、沟边的自生麦苗,以减少越夏苗菌源。

(2)药剂防治:防治锈病要因地制宜,如发现单片病叶,应切叶深埋,并在麦田喷施保护剂;如果病叶较多,面积较大,就应先喷施杀菌剂,再在其周围麦田喷洒保护剂。当大田条锈病、叶锈病病叶率5%,秆锈病病秆率1%~5%时,可用20%粉锈宁乳剂,每亩50毫升;或15%粉锈宁可湿性粉剂,每亩75克,加水50~60千克喷雾,此外,亦可用双效灵、5%过磷酸钙过滤液等进行防治。常用的保护剂有1.003克/毫升的石硫合剂、100倍液的食盐水。春季锈病发生范围广,为害更大,应及时中耕,普遍喷施5%氨基苯磺溶液进行综合防治。

二、白粉病

(一)病害概述

小麦白粉病是由真菌引起的病害。病菌的孢子随气流传播到感病品种的植株上后，以为害叶片为主，发病症状以叶片正面较为明显，叶鞘、茎秆和穗部也受害。受害叶片初期形成灰白色小霉点，后逐渐扩大成圆形或椭圆形绒状霉斑，严重时霉斑相互连成一片，以至覆盖全叶，以后逐渐变为灰色，最后呈灰褐色，其上散生黑色小点。

小麦白粉病病菌通常以菌丝体在冬麦苗上越冬。对温度、湿度较为敏感。黄淮麦区冬前气温偏低，病害不易发生。次年初春，温度回升至12℃时，病苗即发生分生孢子，进行初次侵染。当环境温度适宜，湿度70%以上时，极易造成病害流行。

(二)综合防治方法

(1)农业防治。①选用抗病品种：目前各地选育出的抗病品种较多，各麦区可根据实际情况选择适当品种种植。②加强栽培管理：合理密植、施肥和灌溉，以促进通风透光，防止倒伏，使小麦植株生长健壮，增强抗性。

(2)药剂防治。发病初期，可结合锈病、赤霉病进行防治。以下药剂，每亩喷施100千克。①1.003克/毫升的石硫合剂喷雾。②70%甲基托布津可湿性粉剂1 000倍液喷雾。③50%乙基托布津可湿性粉剂1 000倍液喷雾。④50%福美锌可湿性粉剂300～500倍液喷雾。⑤50%退菌特可湿性粉剂1 000倍液喷雾。⑥40%灭菌丹可湿性粉剂800～1 000倍液喷雾。⑦25%多菌灵可湿性粉剂500倍液喷雾。⑧25%粉锈宁可湿性粉剂每亩16克对水60千克喷雾，防效达84%，残效期30天。

三、赤霉病

(一)病害概述

赤霉病是小麦生产上的灾害性病害,其寄主范围很广,能侵染多种栽培作物,而且能够在多种作物的残体上存活。寄主植物主要有:小麦、大麦、青稞、燕麦、黑麦、水稻、玉米、马铃薯、甜菜、番茄、豆类、瓜类、茄子等,尤以小麦、玉米、水稻残体最适合其生长。小麦赤霉病不仅会造成严重减产,更重要的是恶化籽粒品质,降低种用价值,赤霉病在作物籽粒内会产生多种真菌毒素,其中以脱氧雪腐镰刀菌烯醇(DON)毒性最强,食用后会引起眩晕、发烧、恶心、呕吐、腹泻等急性中毒症状,严重时会出血,影响免疫能力和降低生育能力等,直接对人、畜的健康和生命安全构成威胁。因此,国际上发达国家对小麦赤霉病的检测标准非常严格,一旦检出毒素DON,即不能食用,DON含量超过2毫克/千克便不能作饲料。我国国家标准中规定小麦赤霉病病粒最大允许含量为4%,小麦赤霉病病粒超过4%的,是否收购,由各省、自治区、直辖市规定。对于赤霉病病粒小量超标的小麦,应采取水选、去皮、汰除、风扬、稀释等一切可行的手段清洗剔除赤霉病病粒,做好病麦处理及脱毒,充分晒干,分级入库,根据情况再作粮食、饲料或作为工业原料,将损失减少到最低限度,确保人畜安全。小麦赤霉病病粒去毒处理方法主要有汰除法、去皮法、水浸法等。病粒较轻,可利用风筛、水选等予以分离。一般连续通过3次风车或扬场机选2次,病粒基本可以剔除;赤霉病毒素在病粒外层含量高,用碾米机把病粒外皮剥去,可减少毒素含量;用清水或5％石灰水连续浸泡2次,亦可减少毒素含量。

(二)综合防治方法

(1)农业防治:小麦播前要做到深耕灭茬,消灭菌源。深耕细耙,把前作留在土表的残体翻埋土下,对未掩埋的残茬秸秆,应清除烧毁或沤肥。在小麦播种时,可结合防治其他病害进行种子处理。对带病的种子,可先用25％食盐水或40％泥水漂洗,然后再用1％石灰水浸种。加强田间管理,麦田要开沟排水,降低地下水位和田间湿度。要做到雨过田干,沟内无积水。适当早播,多施磷、钾肥,促进麦苗生长健壮和提早成熟,增加抵抗力。

(2)选育抗病品种:培育与利用抗病品种是控制小麦赤霉病,保证小麦高产、稳产、优质的经济有效和安全的根本办法。小麦赤霉病号称小麦的"癌症",目前,尚不能对其进行有效的控制。常用的抗病品种有皖麦32、43、9926、9927等,这些品种既抗赤霉病,又高产。

(3)药剂防治:药剂防治要结合防治其他病虫害进行,选好药。防治的关键时期是小麦开花到灌浆阶段。第一次喷药应略早于病菌孢子大量飞散、病害将要盛发时期,一般在小麦扬花株率达到10％以上,当气温高于15℃时,气象预报连续3天有雨,或在10天内有5天以上的降雨天气,或有大雾、重雾,就要开始施药,隔7天左右再喷1次药,对轻病区可防治1次,重病区要防治2次。每亩用25％赤霉清70克,或48％克赤增60克(均为1包),加15％粉锈宁粉剂50克,加肥力宝2包对水60千克手动喷雾或对水20千克机动弥雾,

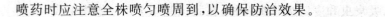

喷药时应注意全株喷匀喷周到,以确保防治效果。

四、丛矮病

(一)病害概述

丛矮病是靠传毒媒介灰飞虱传播的病毒病。灰飞虱在小麦上传毒侵染有两个高峰期:第一个高峰期在小麦播种出苗后;第二个高峰期是在小麦返青后,随气温逐渐回升,越冬代灰飞虱开始在麦苗上活动取食,传播病毒,感染越早或显现丛生、矮缩症状越早,对产量的影响也越大。

(二)综合防治方法

(1)农业防治:在小麦返青后彻底清除麦田及其周围的杂草,消灭灰飞虱适宜生存的环境,以减少传毒虫源;适时浇返青水,因为浇返青水对灰飞虱有很大的杀伤作用,可以减少传毒虫源。

(2)药剂防治:主要是防治传毒媒介灰飞虱,当春季气温稳定超过5℃时就要喷药防治,可用50%辛硫磷1 000倍液,每亩喷施药液50~75千克,隔5~7天喷1次,连喷2次。喷药时麦田四周5米以内的地方都要喷到。对靠近路边、水沟、地头、地边的地方更应特别注意灰飞虱的防治。

五、吸浆虫

(一)害虫概述

小麦吸浆虫是一种毁灭性的害虫,对小麦的产量和质量影响非常大,它可使小麦常年减产1~2成,吸浆虫大发生的年份可减产4~5成,严重者达8~9成。小麦吸浆虫有麦红吸浆虫和麦黄吸浆虫两种,在我国基本上1年发生1代,以成长的幼虫在土中结茧越夏越冬,来年春天由土壤深层向地面移动,然后化蛹羽化为红色或黄色的成虫,体形像蚊子,再飞到麦穗上产卵。害虫的发生大多数与小麦生长阶段相当,当小麦抽穗时,成虫羽化飞出,当小麦抽齐穗时,大部分虫子都飞出来到麦穗上产卵,经过4~5天,孵化出小幼虫,幼虫钻到麦穗的麦粒上,用嘴刺破麦皮,吸食流出的浆液,造成麦子秕粒,导致减产。幼虫经过15~20天,便离开麦穗钻入土壤,一般在离地面10厘米左右的表土最多,随湿度的降低而钻入地下20厘米左右处过冬。

(二)综合防治方法

(1)农业防治:在吸浆虫发生严重的地区,由于害虫发生的密度较大,可通过调整作物布局,实行轮作倒茬,使吸浆虫失去寄主。可实行土地连片深翻,把潜藏在土里的吸浆虫暴露在外,促其死亡,同时加强肥水管理,春灌是促进吸浆虫破茧上升的重要条件,要合理减少春灌,尽量不灌,实行水地旱管。施足基肥,春季少施化肥,促使小麦生长发育整齐健壮,减少吸浆虫侵害的机会。

(2)选种抗虫优良品种:近年各地种植如威农151、徐川2111等,都对吸浆虫具有较高的抗虫性。

(3)药剂防治:防治小麦吸浆虫以有机磷杀虫剂为主,特别是以蛹盛期施药防治效果最好,可以直接杀死一部分蛹和上升的土表幼虫,同时抑制成虫。蛹期以粉剂或乳剂制成毒土(或毒沙)撒施。

六、麦蚜

（一）害虫概述

麦蚜俗称小麦腻虫，主要有麦长管蚜、麦二叉蚜、麦禾缢管蚜、麦无网长管蚜。麦蚜主要寄生在作物的茎、叶及嫩穗，刺吸为害，吸取汁液使叶片发黄或全部枯黄，生长停滞，分蘖减少，籽粒饥瘦或不能结实，对产量影响较大。麦蚜还能传播小麦黄矮病毒病。

（二）综合防治方法

（1）农业防治：在南方禾缢管蚜重发区，减少秋玉米面积，切断中间寄主，可减少蚜虫发生。冬麦区适期晚播与旱地麦田冬前冬后碾磨，可压低越冬虫源。清除田间杂草和自生麦苗，可减少麦蚜的适生地和越夏寄主，明显减轻蚜虫的发生。华北冬麦区小麦与油菜或绿肥间作，有利于天敌的存活和大量繁殖。

（2）保护利用天敌：麦蚜的天敌种类很多，有瓢虫类、草蛉类、食蚜蝇类、蚜茧蜂、食蚜蜘蛛和蚜霉菌等，其中，以瓢虫的捕食蚜量最大，蚜茧蜂的寄生率最高。当天敌与麦蚜比在1:150以上时，天敌可有效控制麦蚜，不必施药。

（3）药剂防治：当田间天敌与麦蚜比在1:150以下时，每亩可用50%抗蚜威8～10克，对水喷雾，既可有效防治蚜虫，又不伤害天敌。在丛矮病流行区用药剂拌种苗期治蚜。未经种子处理的田块，当苗期蚜株率达5%，或百株有蚜20头左右时就要喷药防治。在非丛矮病流行区主要是防治穗期蚜虫。在扬花灌浆初期，百株蚜量超过500头，天敌与麦蚜比在 1∶150 以下,又无大风雨量时,每亩可用 25％氧乐氰乳油 30 毫升,或 90％万灵粉 10 克,或 2.5％敌杀死乳油 10～13 毫升,对水 50 千克,或一遍净(10％吡虫啉)10～20 克/亩,对水 30～40 千克喷雾或 3％啶虫脒乳油 2 500～3 000倍液,均匀喷雾。

七、蛴螬

(一)害虫概述

蛴螬是鞘翅目金龟甲科幼虫的总称,分布于全国各地。植食性蛴螬大多食性很杂,同一种蛴螬常可为害双子叶和单子叶粮食作物、多种瓜类和蔬菜、油料、芋、棉、牧草以及花卉和果、林等的种子及幼苗。幼虫终生栖居土中,喜食刚刚播下的种子、块根、块茎以及幼苗等,造成缺苗断垄。成虫则喜食瓜菜、果树、林木的叶和花器,是一类分布广、为害重的害虫。在我国小麦上为害严重的蛴螬种类有 4 种,它们都是重要的小麦地下害虫。

(二)综合防治方法

(1)农业防治。大面积秋、春耕,并随犁拾虫;避免施用未腐熟的厩肥,减少成虫产卵。

(2)人工捕杀。利用成虫假死性,进行人工捕杀。

(3)药剂处理土壤。①用 50％辛硫磷乳油每亩 200～250克,加水 10 倍,喷于 25～30 千克细土上拌匀成毒土,顺垄条施,随即浅锄,或以同样用量的毒土撒于种沟或地面,随即耕翻,或混入厩肥中施用,或结合灌水施入。②5％辛硫磷颗粒剂,5%地亚农颗粒剂,每亩2.5～3千克处理土壤,都能收到良好效果,并兼治金针虫和蝼蛄。③每亩用2%辛硫磷胶囊剂150～200克拌谷子等饵料5千克左右,或50%辛硫磷乳油50～100克拌饵料3～4千克,撒于种沟中,兼治蝼蛄、金针虫等地下害虫。

第三节　棉花主要病虫害的识别与防治知识

一、枯萎病

枯萎病的特征是:植株矮化,叶色发灰绿色,脆硬,茎秆弯曲,茎结缩短,顶心下陷,茎秆内维管束变成灰褐色或浅黑色。发病条件:高温高湿,连茬种植,雨后晴天会成行、成片死亡。致病菌为镰刀菌,在土壤中可以存活16年以上。

防治方法如下:①改土:在施入有机肥氮、磷、钾的基础上,每亩增施0.5千克重茬剂或肥力宝10千克然后翻耕,可以杀除大部分土中病菌,并可使土壤中增加透气性,消除土壤中亚硝酸盐含量、破除板结,改良盐碱,增强植株抗病能力,减少枯黄萎病为害。②适量施用氮肥。③适时浇水,棉花单株平均有两个铃,天气干旱时浇第一次水,提早浇水会促进病害发生。④苗期、蕾期和花铃期定期喷洒2～4次枯黄急救,或抗枯黄萎剂,或恶霉灵等防治枯黄萎病,每种药加用一袋复硝酚钠效果更好。⑤对已发病的植株可以动手术防治,既定在棉花基部茎秆上5～6厘米处用小刀开2～3厘米纵口,插入两段用枯黄急救原液浸泡 4 小时以上的火柴梗,采取上述方法可以有效控制棉花枯萎病的为害,也可以防治其他作物的枯萎病。

二、黑腐病

其特征在棉花根部表皮呈黑色,略有凸起,无新根长出,植株矮小、叶片软绵、生长缓慢,高温下易死亡,死亡后植株呈黑枯形,直立不倒,发病区呈块状,发病原因:雨后积水时间长,地势低洼,盐碱偏重或施氮肥量大的地块,中耕不及时,前茬种过甘薯、甜菜、大白菜、甘蓝、萝卜地块易发此病。

防治方法如下:①整平土地,防积水,及时排水;②雨后及时中耕松土透气,提高根系活性;③增施石灰粉每亩 15 千克,硫酸亚铁 10 千克或施入重茬剂、肥力宝都可以减少和控制此病发生;④增施有机肥和磷钾肥,控制和适量施入氮肥;⑤发病期用枯黄急救,腐烂速康各 20 克,加水 15 千克,喷洒叶面或灌根均可有效防治黑腐病。

三、红叶茎枯病

它是棉花中后期的一种重要病害,发病植株停止生长,顶尖封闭,叶片发红紫似火,茎秆出现枯焦状,后期叶片大量脱落,棉铃提早开裂,大部分棉铃脱落,发病原因是前期雨水多,中后期干旱,土壤中严重缺钾、缺锌也易导致此病加速发生。

防治方法如下:增施钾锌肥,每亩施入硫酸钾 15 千克,硫酸锌 1 千克,硫酸亚铁 10 千克,均可减少此病发生。生长前期用强力不早衰预防一两次,亦可控制此病发生,发病后,用红叶茎枯灵 0.3‰硫酸锌水溶液喷洒叶面,也可以控制和减轻此病为害。

四、黑胫病

最新发现的一种棉花新病,其症状是,在植株茎秆中上部果枝分杈处发病,呈黑色病斑,沿分杈处向上向下发展,逐渐形成条形,环茎秆一周,下部病斑不齐,呈锯齿状,黑茎处萎缩顶心叶和根部均无发病。此病在高温高湿条件下亦大量发生。此病易侵染向日葵、烟草,在棉花上也有侵染。

防治方法:枯黄急救、腐烂速康各 20 克,加水 15 千克喷洒棉花全株,也可喷洒 3‰石灰水加抗腐烂剂或腐烂速康,可取得较好疗效。

五、棉花热害

棉花适宜生长温度在 24～28℃,但在棉花生长过程中,往往有超过 33℃的高温天气发生,棉花在高于 33℃时,会由于高温使植株内大量蛋白质分解成二氧化碳、水和氨气,二氧化碳和水可以顺气孔流失,而氨气则在植株体内累积,并导致氨害造成叶片干枯,花铃脱落,果实灼伤,形成日烧病,植株停止生长,造成减产。防治方法:腐烂速康 20 克,加食醋 100 克,对水 15 千克,喷洒叶面即可减轻为害,此方法还可以防治小麦干热风,瓜果灼伤,白菜软腐病,棉花除草剂药害等。

第四节　玉米主要病虫害的识别知识

一、玉米瘤黑粉病

此病为局部侵染性病害,在玉米整个生育期,任何地上部的幼嫩组织都可受害。一般苗期发病较少,抽雄后迅速增加。病苗茎叶扭曲畸形,矮缩不长,茎基部产生小病瘤,苗高一尺左右时症状更明显。严重时早枯。拔节前后,叶片或叶鞘上可出现病瘤。叶片上的病瘤较小,多如豆粒或花生米大小,常成串密生,内部很少形成黑粉。叶片在未出现病瘤之前,先形成褪绿斑,病斑部的叶肉细胞皱缩,失去其特有形态。茎或气生根上的病瘤大小不等,一般如拳头大小。雄花大部分或个别小花感病形成长囊状或角状的病瘤。雌穗被侵染后多在果穗上半部或个别籽粒上形成病瘤,严重的全穗形成大的畸形病瘤。病瘤是被侵染的组织因病菌代谢产物的刺激而肿大形成的菌瘿,外被由寄主表皮组织形成的薄膜。病瘤初期白色,有光泽,肉质多汁,以后迅速膨大,表面暗褐色,内部变黑。病瘤成熟后,外膜破裂,散出大量黑粉(冬孢子)。

二、玉米茎腐病

病害在玉米灌浆期开始发生,乳熟末期至蜡熟期为显症高峰期。田间症状主要表现为以下3种类型。

(1)青枯型。叶片自上而下或自下而上突然萎蔫,几天内迅速枯死,叶片呈灰绿色,水烫状。病株基部节间变色,较淡,呈水渍状腐烂,果穗常下垂。

(2)慢性型。叶片自下而上或自上而下枯死,但枯死是逐渐的,分黄枯型、紫红型等。叶鞘和茎秆基部也相继变色腐烂,但基部节间一般变色较深,茎基部腐烂较慢,也可引起果穗下垂。

(3)茎基局部软腐或湿腐。植株上部为"青枝绿叶",而茎基部却发生局部软腐或湿腐。

三、玉米疯顶病

因侵染时间和发生程度不同症状表现有较大差异。苗期发病分蘖增多,一般分蘖 3～5 个,多达 6～10 个,叶色变浅,心叶黄化,叶片扭曲或卷成筒状,心叶不能展开,重者枯死。成株期典型症状是植株矮化,节间缩短,雄穗局部或全部增生成一簇变态小叶,这些变态的叶状花序则称为"丛顶"或"疯顶",故称疯顶病。有时心叶扭曲紧卷成"牛尾巴状",轻病株部分雄蕊变态,尚能抽穗结实,但籽粒不饱满,重病株则不抽果穗或每节都抽一果穗,但不结实;有的在茎节上丛生多个分枝。病株旗叶通常增宽且厚,叶色变浅,并有黄绿相间的条纹。

四、玉米螟

(一)症状识别

玉米螟的寄主很多,亚洲玉米螟的寄主已有 70 多种。新疆的两种玉米螟主要为害玉米,其次为高粱、辣椒、棉花等作物。玉米螟仅为害玉米地上部分,具体部位常随幼虫大小和玉米生育期而定。

心叶:玉米孕穗前,幼虫孵化不久,咬食心叶,被害叶出现半透明薄膜的孔或小洞,孔洞多呈圆形,排列成行,并杂有细虫粪,通称"花叶"。

雄穗:抽雄初期幼虫侵入雄穗,潜入小花内取食;幼虫长大后,从小花和心叶蛀入雄穗柄为害,使其容易折断,影响授粉。

雌穗(果穗):雌穗抽出后,幼虫常集中雌穗顶端,取食花丝和未成熟的嫩粒,造成果穗缺粒或秃顶,并使籽粒残缺不全,容易霉烂。大龄幼虫自穗顶蛀入穗轴或从穗基蛀入穗柄,影响营养供应,造成籽粒干瘪,产量降低,品质变劣。

茎秆:4~5龄幼虫,蛀入玉米茎秆内,取食茎内组织。幼虫最低可达玉米地上 1~2 节,以果穗附近的茎节内最多。由于幼虫在茎内为害,使植物汁液外流,有时可形成白穗,受害茎秆遇风易折断。

(二)形态识别

(1)成虫。中型的蛾子,身体黄褐色。触角丝状,前翅翅面基色为淡黄色,上有几条褐色的横线,从翅基起,明显的有内横线、外横线、外缘线。内、外横线之间的环状纹和肾状纹均为褐色的斑点。后翅灰白色或淡灰褐色。

欧洲玉米螟和亚洲玉米螟区别比较困难,主要根据雄蛾生殖器判断。翅面颜色和斑纹也有一定差异:雄蛾前翅斑纹前者为暗褐色,翅基部色更浓,后者斑纹淡褐色;后者雌蛾前翅环状纹、肾状纹比内横线色更浓,前者基本一致。

(2)卵。椭圆形或卵形,扁平。初产时乳白色,渐变为黄白色,半透明略有光泽。常 20～40 粒产在一起,呈不规则的鱼鳞状卵块。

(3)幼虫。末龄幼虫体长 16～20 mm,灰黄色或淡红褐色,背线明显,为褐色。前胸、中胸和腹部 1～8 节各有 4 个毛瘤,腹部每节在 4 个毛瘤的后侧方又有较小毛瘤 1 对。胸足黄色。

(4)蛹。纺锤形,黄褐色至赤褐色,腹末端部有 5～8 根粗钩刺,其基部互相接近。蛹表面有薄茧。

五、玉米叶螨

(一)症状识别

新疆为害玉米的叶螨已知的种类有土耳其斯坦叶螨、冰草叶螨、敦煌叶螨、截形叶螨等。玉米叶螨在新疆各地发生普遍,特别以南疆的和田、喀什两地区以及焉耆盆地和哈密为害最重。叶螨的寄主很多,除玉米外,主要还为害棉花、黄豆、茄子、菜豆、西瓜、甜瓜、啤酒花、大麻以及果树、树木和杂草。玉米上叶螨首先聚集在下部叶片背面主脉两侧取食,并吐丝结网。为害初期叶片出现白色斑点,后为黄白色,随着叶螨产卵、繁殖,叶片上螨量增多,致使全叶布满成螨、幼螨、若螨和螨卵,全叶变黄、枯萎;严重时玉米叶片从下向上逐渐变黄、枯萎、布满丝网、黏着尘土。严重降低光合强度,增加水分蒸腾,使玉米生长停滞,籽粒干秕,品质变劣,产量下降。

(二)形态识别

(1)成螨。成熟的叶螨身体很小,雄螨还要小一些。叶螨身体不分节,仅划分颚体和躯体两部分。足 4 对。上述 4

种叶螨,生长季节除截形叶螨为深红色、红褐色之外,其余3种均为黄绿色、绿色、墨绿色。冬季休眠期4种均为深红色。

(2)卵。圆球形,初产时无色透明,渐变为淡黄色。

(3)幼螨。初孵时无色透明,取食后逐渐变为黄白色,眼为红色,足3对。

(4)若螨。又分前若螨和后若螨。前若螨略呈圆形,足4对。

第五节 葡萄主要病虫害的识别知识

一、葡萄霜霉病

(一)症状

主要为害叶片,也能侵染嫩梢、花和幼果等柔嫩部分。叶片初期出现细小的、不规则形、淡黄色、水渍状斑点,以后逐渐扩大,因受叶脉限制,叶正面形成黄色或黄褐色多角形病斑,不规则形病斑常相互愈合成大斑块。在潮湿条件下,病斑背面产生白色霜状霉层(孢囊梗、孢子囊)。发病严重时,叶片焦枯,卷缩而早期脱落,嫩梢、叶柄、果柄、卷须、穗轴发病时开始产生水渍状淡黄色病斑,渐变黄褐色至褐色,长圆形或不规则形,稍凹陷。病斑潮湿时产生白色霜状霉层,顶梢枯死,天气干旱时,病组织干缩,下陷,生长停滞,甚至扭曲,严重时可导致大量蔓藤枯死。花及幼果受害,多从基部的果柄处开始发病,病斑初为淡绿色,后变褐,干枯,病果呈泥灰色,下凹,上生霜状霉层,不久皱缩脱落。果粒半大时受害,呈褐色软腐状,不久干缩早落。严重时整个果穗腐烂,变灰黑色,具腐臭味,可引起落果或干缩后挂在枝头。一般果实着色后不再侵染。

（二）病原

葡萄霜霉菌,属鞭毛菌亚门霜霉目单轴霉属。

二、葡萄白粉病

（一）症状

主要为害叶片、叶柄、果实、果柄、新梢及卷须等绿色幼嫩组织,以幼嫩叶片发病最早,以果实受损害最重。幼叶感病后最初产生白色、放射状的小霉斑,随后病菌不断扩展蔓延,使霉层连片,叶片褪绿,严重时白粉布满整个叶片正反两面,可导致叶片卷缩,提前干枯脱落。幼蔓、叶柄被感染,其表面也产生白色粉霉层,粉霉层覆盖下的表皮呈现黑褐色网状线纹。果穗染病易枯萎脱落,病果穗较健穗明显短小。果实被感染后,也形成粉状霉层,霉层洗掉后可见黑色星芒状花纹。如感染较早,幼果停止生长,后干枯,但多不提前脱落;较迟者果面布满裂纹,病果易开裂,可看到种子,果实易遭受其他微生物的感染而导致腐烂,在炎热的天气下常发出腥臭味;在干燥条件下则干枯,严重影响品质、产量。秋末在病组织灰白色粉霉层上产生一些黑褐色的小点（闭囊壳）。

（二）病原

葡萄白粉病菌,系子囊菌亚门白粉菌目钩丝壳属。菌丝体蔓延在表皮外,以吸器伸入寄主细胞内吸收养分。无性的分生孢子为托氏葡萄粉孢霉,可寄生于葡萄、山葡萄和猕猴桃上。

三、葡萄黑痘病

（一）症状

葡萄生长全过程都有发生。幼叶、嫩梢、幼果、卷须等均受害。

（1）叶片。新抽的幼叶最易感病，开始时出现红褐色小斑点，周围有一褪绿晕圈，后逐渐扩大成近圆形或不规则形病斑，中间部位稍凹陷，灰白色，边缘暗紫色。后期常自病斑中间呈星状开裂穿孔。病斑多发生在叶脉或近叶脉处，严重时常引致叶片扭曲畸形，甚至叶片尚未展开便皱缩枯干。

（2）嫩梢。受侵染后不久便出现椭圆形或不规则形黑褐色短条斑，边缘为紫褐色，中间凹陷并开裂。严重时新梢满布密密麻麻斑点，嫩梢停止生长、卷曲、萎缩，甚至枯死。

（3）果实。以幼果期最易感病，受侵染后果面先出现圆形、深褐色小斑点，扩大后病斑圆形中间略凹陷，灰白色，外有紫褐色晕圈。病斑不向果肉层发展，后期表皮木栓化龟裂，果实不能正常长大，导致品质劣，无任何商品价值。

（4）卷须。也易受黑痘病菌侵染，症状与嫩梢受害状相似。

上述受侵染病部在潮湿情况下表面长出灰白色至乳白色的黏稠状物，这是病菌的分生孢子团。

（二）病原

有性阶段属子囊菌亚门痂囊腔菌，无性阶段为葡萄痂圆孢菌。

四、葡萄白腐病

(一)症状

白腐病主要为害果穗,也为害新梢和叶片。一般先从接近地面的果穗尖端开始发病,在小果梗或穗轴上产生浅褐色、水渍状、不规则病斑,逐渐蔓延到整个果粒,病组织有土腥味。果粒发病,先在基部变淡褐色软腐,迅速致使整个果粒变褐腐烂。病穗轴及果粒表面密布灰白色小粒点(分生孢子器),粒点上溢出灰白色黏液(分生孢子),发病部位出现灰白色腐烂,因而得名白腐病。果柄及穗轴干枯皱缩,发病部位以上萎蔫、干枯;严重发病时,全穗腐烂,受震动时病果以及病穗极易脱落,重病园地面落满一层,这也是白腐病发生的重要特点。不脱落的果粒,常失水干缩成有棱角的偶果,悬挂树上,长久不落。白腐病的症状与蔓枯病很相似,但蔓枯病果粒不易脱落,病果上的小粒点为黑色,溢出的黏液灰黑色。新梢发病,往往出现在受损伤部位,如摘心部位或机械伤口处。从植株基部发出的徒长枝,因组织幼嫩,很易造成伤口,发病率高。病斑开始呈水渍状、淡褐色、形状不规则、具有深褐色边缘。病斑纵横扩展,以纵向扩展较快,逐渐发展成暗褐色、凹陷、不规则形的大斑,表面密生灰白色小粒点。病斑环绕枝蔓一周时,其上部枝、叶由黄变褐,逐渐枯死。发病后期,寄主表皮脱落,肉质部分腐烂解离,病皮呈丝状纵列,与木质部分离,如乱麻状。发病严重时,可使枝梢枯死或折断。叶片发病,多从叶尖、叶缘开始,开始呈水渍状、淡褐色、近圆形或不规则形斑点,逐渐扩大成具有环纹的大斑;后期病斑上着生灰白色小粒点,但以叶背和叶脉两边最多;病斑发展末期常常干枯破裂。

(二)病原

白腐盾壳霉。

五、葡萄根癌病

(一)症状

此病多发生在根茎部分或二年生以上的枝之上。发病初期病部形成似愈伤组织状的瘤状物,稍带绿色,光滑质软,随着瘤子日益增大,其表面变得粗糙,质地渐硬,并由绿色变为褐色,内部组织变为白色,后期遇雨腐烂发臭,最后解体。癌瘤多为球形或扁球形,大小不一。受病植株生长衰弱,变黄,轻者影响树势,重者干枯死亡。

(二)病原

癌肿野杆菌或根癌土壤杆菌,属土壤杆菌属细菌。菌体呈短杆状,(1.0~1.5)微米×(0.4~0.8)微米大小。端生1~3根鞭毛,有荚膜,无芽孢,革兰氏染色阴性。

六、葡萄日灼病

(一)症状

主要发生在果穗上。果实受害,果面出现浅褐色的斑块,后扩大,稍凹陷,成为褐色、圆形、边缘不明显的干疤。受害处易遭受葡萄炭疽病的为害。果实着色期至成熟期停止发生。

（二）病原

生理病害。其生理机制尚不完全清楚。主要原因为果实在缺少叶片隐蔽的高温条件下，果面局部失水而发生灼伤，或是渗透压高的叶片向低的果实争夺水分所造成。

七、葡萄缺铁病

（一）症状

最初出现在迅速展开的幼叶上，叶脉间黄化，叶呈青黄色，具绿色脉网，也包括很少的叶脉。当缺铁严重时，更多的叶面变黄，最后呈象牙色，甚至白色。叶片严重褪绿部位常变褐色和坏死。影响严重的新梢，生长减慢，花穗和穗轴变浅黄色，坐果不良。当葡萄植株从暂时缺铁状态恢复为正常时，新梢生长亦转为绿色。较早发生的老叶，色泽恢复比较缓慢。

（二）病原

生理病害。缺铁症主要是由于土壤情况限制了铁的吸收，而不是土壤铁含量不足。黏土、排水不畅的土壤、冷凉的土壤较多出现缺铁。春天冷凉、潮湿天气，常遇到大量缺铁问题，晚春热流期间引起新梢快速生长也会诱发缺铁。

八、葡萄缺硼病

（一）症状

葡萄缺硼时，叶、花、果实都会出现一定的症状。首先新梢顶端的幼叶出现淡黄色小斑点，随后连成一片，使叶脉间的组织变为黄色,最后变褐色枯死。轻度缺硼的植株开花时花序大小和形状与正常植株异常。缺硼严重的,花序小,花蕾数少,开花时,花冠只有1~2片从基部开裂,向上弯曲,其他部分仍附在花萼上包住雄蕊。缺硼更严重时,花冠不裂开,而变成赤褐色,留在花蕾上,最后脱落,其花粉的发芽率显著低于健康植株,因而影响受精,引起落花。植株缺硼时,落花后约经一周,子房脱落多,坐果差,使果穗稀疏;有的子房不脱落,成为不受精的无核小果粒,若在果粒增大期缺硼,果肉内部分裂组织枯死变褐;硬核期缺硼,果实周围维管束和果皮外壁枯死变褐,成为石葡萄。

植物对硼的需要量很少,硼属微量元素。硼存在于植物幼嫩的细胞壁之中,它对细胞的分裂和生长,对组织的分化和建造细胞壁有密切的关系。同时,它对酶的活动、碳水化合物的运输都是必不可少的。因此,葡萄缺硼就会表现上述种种症状。

(二)病原

生理病害。一般土壤 pH 值高达 7.5~8.5 或易干燥的沙性土容易发生缺硼症。此外,根系分布浅或受线虫侵染削弱根系,阻碍根系吸收功能,也容易发生缺硼症。

九、葡萄二星(斑)叶蝉

(一)症状识别

葡萄斑叶蝉,属同翅目叶蝉科,除了为害葡萄,对苹果、桃、梨、山楂、李、樱桃等多种果树都有为害。不仅其分泌物污染果面,使其失去商品价值,而且以成虫和若虫在葡萄叶背面刺吸为害,被害的叶片表面最初表现苍白色小斑,严重受害后白斑连片,致使叶表面全部苍白提早落叶,使树势迅速衰败,果实干瘪,品质下降,造成严重的经济损失。

（二）形态识别

（1）成虫。体长 2～2.6 毫米,加上翅长为 2.9～3.3 毫米。身体淡黄色,头顶上有两个明显的圆形斑点,复眼黑色。其前缘有几个淡褐色小斑点,大小不等的斑纹排成行列,但有时消失,中央有暗色纵纹,小盾片前缘左右各有一大三角形黑纹。足三对,其端爪为黑色,腹部的腹节背面中域具黑褐色斑块。翅半透明,黄色,有不规则的淡褐色或红褐色斑纹,因成虫发育期不同其个体间翅面斑纹的大小及其颜色变化很大,有的虫体斑纹色深,有的则全无斑纹,其中以黄色型为多。雄虫色深,尾部有三叉状交配器,黑色稍弯曲,雌虫色淡,尾部有黑色的桑葚状产卵器,其上有突起。

（2）卵。乳白色,稍透明,长约 0.6 毫米,长椭圆形,弯曲状,散产于叶背的叶脉中或茸毛间隙中,卵孵化以后产卵部位留下褐色斑痕。解剖得知,每只雌性斑叶蝉每胎成熟 6～8 粒卵。

（3）若虫。初孵若虫的体长 0.5 毫米,体呈白色,复眼红色,到了 2～3 龄时体变黄白色,4 龄时体变菱形,体长约 2 毫米,复眼变成暗褐色,胸部两侧可见明显的翅芽。

十、葡萄毛毡病

（一）症状

主要为害叶片,严重时也能侵害嫩梢、幼果、卷须、花梗、果梗。受害叶片开始在叶背面产生不规则的苍白色的小点,不久病部叶表面显著突起,呈黄褐色至紫褐色"血泡状"病斑,背面深深凹陷,凹陷内密生黄白色至灰白色绒毛,以后逐渐变成锈黄色至茶褐色,毡状,故名毛毡病。严重时叶面也有少量绒毛。叶上病斑形状不规则,大小不等,四周常被较大的叶脉所限制。后期病叶变硬、皱缩、发黄、干枯,引起早期落叶。嫩梢被害,呈长椭圆形病斑,症状与叶背相同。枝蔓受害后,病部呈肿瘤状,表皮破裂。也可使卷须、花序、嫩果受害干枯致死。

(二)病原

葡萄缺节瘿螨寄生所致。葡萄缺节瘿螨系节肢动物门,蛛形纲,真螨目,瘿螨科,缺节瘿螨属。

(1)成虫。雌成螨呈圆锥形,白色,体长0.11~0.33毫米,体表有70多个环纹,近头部生有2对足。雄虫略小。

(2)卵。椭圆形,淡黄色,长约30毫米。

十一、东方盔蚧

形态识别:

(1)成虫。雌成虫红褐色,椭圆形,体长6毫米左右,宽3.5~4.5毫米,背部隆起,两侧有成列的大凹点,边缘较平,外壳较硬。

(2)卵。长椭圆形,淡黄白色,孵化前呈粉红色,长0.5~0 6毫米,卵上覆盖蜡质白粉。

(3)若虫。初孵若虫黄白色,长大逐渐加深呈黄褐色。体扁平、椭圆形,触角、足有活动能力。越冬若虫体红褐色,体外有一层极薄的蜡层。

第三章 农作物病虫草害概述

第一节 农作物害虫基础知识

昆虫属于动物界中无脊椎动物节肢动物门昆虫纲,是动物界中种类最多、分布最广、种群数量最大的类群。动物界有350多万种,已知昆虫种类110多万种,约占动物界的1/3。昆虫不仅种类多,而且与人类的关系非常密切,许多昆虫可为害农作物,传播人、畜疾病。也有很多昆虫具有重要的经济价值,如家蚕、柞蚕、蜜蜂、紫胶虫、白蜡虫等,有的昆虫能帮助植物传播花粉,有的能协助人们消灭害虫。农业昆虫是指为害农作物的昆虫和天敌昆虫,还包括蜘蛛纲的蜘蛛和螨类以及蜗牛和蛞蝓等。

一、昆虫的形态和繁殖

(一)昆虫的形态特征

昆虫最主要的特征是其成虫的躯体明显分为头、胸、腹三段,胸部一般有两对翅,三对足。根据这些特征就能与其他节肢动物区分开来。

1. 头部

头部着生触角、眼等感觉器官和取食的口器。触角的形状因昆虫的种类和性别而有变化。昆虫的眼一般有复眼和单眼。昆虫的口器有多种类型,如具有虹吸式口器的蝶类、蛾类,其幼虫常常是咀嚼式口器;舐吸式的蝇类;锉吸式的蓟马。

农作物上主要害虫的两类口器:一是咀嚼式:如小菜蛾、菜青虫、棉铃虫等,具有咀嚼式口器的害虫咬食植物叶片造成缺刻、孔洞,或吃掉叶肉仅留叶脉;钻蛀茎秆或果实的造成空洞和隧道,为害幼苗的咬断根茎。二是刺吸式:如蚜虫、白粉虱、叶蝉等,刺吸式口器的害虫以取食植物汁液来为害植物,在被害处形成斑点或造成破叶,严重时引起畸形,如卷叶、皱缩、虫瘿等,很多刺吸式害虫是植物病毒的传播者,因传毒造成的损失往往比害虫本身造成的损失还要大。

2. 胸部

胸部分前胸、中胸和后胸。每节胸的侧下方着生一对足,分别称为前足、中足和后足;中胸和后胸背上各有一对翅;昆虫的翅有透明的膜翅,如蚜虫、蜂类;有保护和飞翔作用的覆翅,如蝗虫、蝼蛄等;有蛾、蝶类的鳞翅等。昆虫翅的类型是昆虫分类的主要依据。

3. 腹部

一般由 9～11 节组成,腹内有内脏器官和生殖器官。昆虫雄性外生殖器叫交尾器,雌性外生殖器称为产卵器,昆虫可将卵产在植物体内或土壤中。

4. 昆虫的体壁

昆虫的躯体被骨化的几丁质包被,称为外骨骼。其功能是保持体形、保护内脏、防止体内水分蒸发和外物侵入;体壁上的鳞片、刚毛、刺等,上表皮的蜡层、护蜡层均会影响昆虫体表的黏着性,所以具有脂溶性好、又有一定水溶性的杀虫剂能通过昆虫的上表皮和内外表皮,表现比较好的杀虫效果。同一种的昆虫低龄期比老龄期体壁薄,药液比较容易进入体内,因此在低龄期施药,药效能大大提高。

(二)昆虫的繁殖和发育

1. 生殖方式

昆虫是雌雄异体的动物,绝大多数昆虫需经过雌雄交尾,受精卵产出体外才能发育成新的个体,这种繁殖方式称为有性生殖。但有些昆虫的卵不经过受精也能发育,这种繁殖方式称为孤雌生殖,孤雌生殖对昆虫的扩散具有重要作用,因为只要有一头雌虫传到一个新的地方,在适宜的环境中就能大量繁殖。昆虫还有一种繁殖方式叫卵胎生,即卵在母体内发育成幼虫后才产出体外的生殖方式。

2. 龄期

昆虫的发育是从卵孵化开始,从卵孵化出的幼虫叫一龄幼虫,经第一次蜕皮后的幼虫为二龄幼虫,前一次蜕皮到后一次蜕皮的时间称为龄期,一般昆虫在三龄期以后因外壁和蜡质加厚往往抗药性增强。因此,三龄幼虫前进行化学药剂防治效果较好。幼虫发育到成虫以后便不再蜕皮。

3. 发生世代

从卵孵化经几次蜕皮后发育为成虫,称为一个世代。经过越冬后开始活动,至翌年越冬结束的时间称为生活史,不同的昆虫因每一世代长短不同,所发生的世代也不同,有的昆虫一年只发生一个世代,有的昆虫几年才完成一个世代,如金龟子;但多数昆虫一年能发生几个世代,如蚜虫、棉铃虫、小菜蛾等。昆虫一年能发生多少世代,常随其分布的地理环境不同而异,一般南方比北方发生世代多。

越冬后昆虫出现最早的时间称始发期,在一个生长季中昆虫发生最多的时期称为盛发期,昆虫快要终止时称为发生末期。不少昆虫由于产卵期拉得很长以及龄期的差异,同一世代的个体有先有后,在田间同一个时期,可以看到上世代的个体与下一个世代的个体同时存在的现象,这称为世代重叠或世代交替。

4. 变态类型

昆虫从卵孵化到成虫性成熟的发育过程中,除内部器官发生一系列变化外,外部形态也发生不同形体的变化,这种虫态变化的现象称为昆虫的变态。常见的变态有以下两种。

(1)不完全变态:昆虫一生经过卵、若虫、成虫3个阶段,若虫的形态和生活习性和成虫基本相同,只是体型大小和发育程度上有所差别。如蝗虫、叶蝉、椿象等。

(2)完全变态:昆虫一生经过卵、幼虫、蛹、成虫四个阶段,幼虫在形态和生活习性上与成虫截然不同,完全变态必须经过蛹期才能变为成虫。如菜青虫、烟青虫、金龟子等。

二、昆虫的习性

(一)昆虫的食性

1. 植食性

以植物及其产品为食的昆虫称为植食性昆虫。植食性昆虫的食性是有选择性的,有的昆虫只吃一种作物,如小麦吸浆虫、豌豆象,称为单食性害虫;有的吃某一类作物,如菜青虫,只吃十字花科蔬菜,称为寡食性害虫;有的吃多种不同植物,如棉铃虫、地老虎、蝼蛄等,称多食性害虫。

2. 肉食性

以活的动物体为食的昆虫称为肉食性昆虫。肉食性昆虫多数是益虫,如捕食性的瓢虫、草蛉以及寄生性的赤眼蜂、丽蚜小蜂等。

3. 腐食性

以动物的尸体、粪便和腐烂的动植物组织为食的昆虫,称为腐食性昆虫。如食粪蜣螂。

(二)多型现象

在同一种群中往往存在习性上和形态上多样化的现象,如白蚁是家族性生活,各有不同分工,有蚁皇、蚁后、兵蚁、工蚁等,蚜虫有无翅型和有翅型,飞虱有短翅型和长翅型之分,这种现象称作多型现象。

(三)补充营养

昆虫发育为成虫后,为了满足性器官发育和卵的成熟,需要补充营养,如黏虫、地老虎和草蛉,利用这一特性,可以用糖蜜诱杀黏虫和地老虎的成虫,也可以在早春种植蜜源开花植物招引天敌昆虫草蛉来栖息。

(四)昆虫的趋性

在生产上有重要作用的是昆虫的趋光性和趋化性,大多数夜出活动的昆虫,如蛾类、金龟子、蝼蛄、叶蝉、飞虱等,有很强的趋光性,这是黑光灯诱杀害虫的科学依据。蚜虫、白粉虱、叶蝉等对黄色有明显的趋向性,这是黄板诱杀的原理。趋化性是昆虫对某些化学物质刺激的反应,昆虫在取食、交尾、产卵时尤为明显,如菜粉蝶趋向含有芥子油的十字花科蔬菜,利用糖醋诱杀害虫也是利用昆虫的趋化性。

(五)群集性

有些昆虫具有大量个体群集的现象。如地老虎在春季常在苜蓿地、棉苗地大量发生,但经过一段时间后,这种群集就会消失,而飞蝗个体群集后就不再分离。

(六)扩散与迁飞性

蚜虫在环境不适宜时,以有翅蚜在蔬菜田内扩散或向邻近菜地转移;东亚飞蝗、黏虫、褐飞虱等害虫则有季节性的南北迁飞为害的习性。

三、害虫的发生与环境的关系

影响害虫发生的时间、地区、发生数量以及为害程度是与环境密切相关的。影响害虫发生的时间及为害程度的环境因素中,主要有以下3方面。

(一)食物因素

农作物不仅是害虫的栖息场所,而且还是害虫的食物来源,害虫与其寄主植物世代相处,已经在生物学上产生了适应的关系,也就是害虫的取食具有一定选择性,既有喜欢吃的也有不喜欢吃的植物。如保护地种植的番茄、辣椒是白粉虱喜欢的寄主,容易造成大发生,甚至大暴发;而种植芹菜、蒜黄等白粉虱不喜欢吃的植物就可避免大发生。所以,改变种植品种、布局、播期以及管理措施等都可以很大程度上影响害虫的发生。

(二)气象因素

气象因素包括温度、湿度、风、雨、光等,其中,温度、湿度影响最大。昆虫是变温动物,其体温随环境温度的变化而变化,所以昆虫的生长发育直接受温度的影响,可以影响害虫发生的早晚和每年发生的世代数;湿度与雨水对害虫的影响表现是,有些害虫在潮湿雨水大的条件下不易存活,如蚜虫、红蜘蛛喜欢干旱的环境条件。

(三)天敌因素

害虫的天敌是抑制害虫种群的十分重要的因素,在自然条件下,天敌对害虫的抑制能力可以达到 $20\%\sim30\%$,不可低估天敌的抑制能力。了解和认识昆虫的天敌是为了保护和利用天敌,达到抑制或防治害虫的目的。害虫天敌是自然界中对农业害虫具有捕食、寄生能力的一切生物的统称,昆虫的天敌主要包括以下 3 类。

1. 天敌昆虫

包括捕食性和寄生性两类,捕食性的有螳螂、草蛉、虎甲、步甲、瓢甲、食蚜蝇等。寄生性的以膜翅目、双翅目昆虫利用价值最大,如赤眼蜂、蚜茧蜂、寄生蝇等。

2. 致病微生物

目前研究和应用较多的昆虫病原细菌为芽孢杆菌,如苏芸金杆菌。病原真菌中比较重要的有白僵菌、蚜霉菌等。昆虫病毒最常见的是核型多角体病毒。

3. 其他食虫动物

包括蜘蛛、食虫螨、青蛙、鸟类及家禽等,它们多为捕食性(少数螨类为寄生性),能取食大量害虫。

四、农业昆虫的重要类别

昆虫的分类地位是动物界节肢动物门昆虫纲,纲以下是目、科、属、种 4 个阶元,再细分可在各阶元下设"亚"级,在目、科之上设"总"级。

种是昆虫分类的基本阶元,并用国际上通用的拉丁文书写,由属名、种名和定名人 3 部分组成。了解和认识昆虫的分类是识别昆虫的基本常识,昆虫纲分 33 个目,其中,与农业生产关系比较密切的有以下各目。

(一)鞘翅目

鞘翅目是昆虫纲中最大的目,通称为"甲虫",体壁坚硬,口器为咀嚼式口器,多数植食性,少数肉食和粪食性;成虫有假死性,大多数有趋光性。

1. 金龟总科

成虫体型较大,鞘翅坚硬,幼虫称为蛴螬,生活在地下或腐败物中,如华北大黑鳃金龟、铜绿丽金龟是北方重要的地下害虫。

2. 叶甲科

体型多为卵形和半球形,多有金属光泽,故有"金花甲"之称。如黄条跳甲。

3. 瓢甲科

体型小,体背隆起呈半球形,鞘翅常具有红色、黄色、黑色等星斑。多数为肉食性,如捕食蚜虫的七星瓢虫;少数为植食性害虫,如二十八星瓢虫。

(二)鳞翅目

本目是昆虫纲中仅次于鞘翅目的第二大目,包括蛾和蝶两大类,成虫体翅上密布各种颜色的鳞片组成不同的花纹,这是重要的分类特征。全变态,成虫为虹吸式口器,幼虫为咀嚼式口器,大多数为植食性,多为重要的农业害虫,少数如家蚕、柞蚕是益虫。

1. 粉蝶科

如菜粉蝶,幼虫为菜青虫。

2. 螟蛾科

如豆荚螟、玉米螟。

3. 夜蛾科

如棉铃虫、斜纹夜蛾、小地老虎。

4. 菜蛾科

如小菜蛾。

(三)同翅目

刺吸式口器,不完全变态,分有翅型和无翅型,长翅型和短翅型等多型现象,全部为植食性。

1. 蚜科

如蚜虫,常有世代交替或转换寄主现象,同种有无翅和有翅两种类型。

2. 粉虱科

如温室白粉虱、烟粉虱。

3. 叶蝉科

如绿叶蝉。

4. 飞虱科

如稻灰飞虱、褐飞虱等。

5. 蚧总科

如吹绵蚧、粉蚧。

(四)直翅目

咀嚼式口器,不完全变态,多为植食性。

1. 蝗科

如东亚飞蝗。

2. 蝼蛄科

如华北蝼蛄。

(五)半翅目

通称为椿象,如稻绿蝽。

(六)膜翅目

本目包括各种蜂和蚂蚁。主要的科是赤眼蜂科:能寄生在多种昆虫的卵中,如小赤眼蜂,是当前生产上防治玉米螟的重要天敌昆虫。

（七）双翅目

包括各种蚊、蝇等。

1. 食蚜蝇科

多为捕食性，可捕食蚜虫、介壳虫等害虫。如大灰食蚜蝇。

2. 潜蝇科

如美洲斑潜蝇。

五、农业害螨

螨类不同于昆虫，螨类通称红蜘蛛、锈壁虱。螨类属于节肢动物门、蛛形纲、蜱螨目。螨类体型小，肉眼很难看见。螨类不分头、胸、腹，体型为卵形或椭圆形，口器分为咀嚼式和刺吸式。螨类的繁殖多数为两性卵生，经卵、幼螨、若螨、成螨。螨类多为植食性，也有能捕食其他害螨的螨类，可在生物防治中利用。

（1）叶螨科。通称红蜘蛛，全部为植食性，重要的害螨有棉红蜘蛛（朱砂叶螨）、二斑叶螨、山楂红蜘蛛、苹果叶螨等。

（2）跗线叶螨科。重要的害螨是茶黄螨等。

（3）真足螨科。也称红蜘蛛，重要的害螨是麦圆红蜘蛛等。

（4）叶瘿螨科。通称锈壁虱，重要的害螨有柑橘锈壁虱、葡萄锈壁虱等。

（5）粉螨科。重要的害螨是粉螨，为仓库害螨。

（6）植绥螨科。主要有智利小植绥螨、盲走螨、纽氏钝绥螨等,均是叶螨类的天敌,用于温室防治多种红蜘蛛。

第二节 农作物病害基础知识

一、植物病害的概念

(一)植物病害的定义

当植物受到不良环境条件的影响或遭受其他生物侵染后,其代谢过程受到干扰和破坏,在生理、组织和形态上发生一系列病理变化,并出现各种不正常状态,造成生长受阻、产量降低、质量变劣甚至植株死亡的现象,称为植物病害。

植物病害都有一定的病理变化过程(即病理程序),而植物的自然衰老凋谢以及由风、雹、虫和动物等对植物所造成的突发性机械损伤及组织死亡,因缺乏病理变化过程,故不能称为病害。

一般来说,植物发病后会不同程度地导致植物产量的减少和品质的降低,给人们带来一定的经济损失。但有些植物在寄生物的感染或在人类控制的环境下,也会产生各种各样的"病态",如茭白受到黑粉病菌的侵染而形成肥厚脆嫩的茎,弱光下栽培成的韭黄等,其经济价值并未降低,反而有所提高,因此不能把它们当作病害。

(二)植物病害的类型

植物病害发生的原因称为病原。根据病原不同,可将植物病害分为非侵染性病害和侵染性病害两大类。

第一,非侵染性病害是指由非生物因素即不适宜的环境因素引起的病害,又称生理性病害或非传染性病害。其特点是病害不具传染性,在田间分布呈现片状或条状,环境条件改善后可以得到缓解或恢复正常。常见的有营养元素不足所致的缺素症、水分不足或过量引起的旱害和涝害、低温所致的寒害和高温所致的烫伤及日灼症以及化学药剂使用不当和有毒污染物造成的药害和毒害等。

第二,侵染性病害是指由病原生物侵染所引起的病害。其特点是具有传染性,病害发生后不能恢复常态。一般初发时都不均匀,往往有一个分布相对较多的"发病中心"。病害由少到多、由轻到重,逐步蔓延扩展。

非侵染性病害和侵染性病害是两类性质完全不同的病害,但它们之间又是互相联系和互相影响的。非侵染性病害常诱发侵染性病害的发生,如甘薯遭受冻害,生活力下降后,软腐病菌易侵入;反之,侵染性病害也可为非侵染性病害的发生提供有利条件,如小麦在冬前发生锈病后,就将削弱植株的抗寒能力而易受冻害。

二、植物病害的形成及症状

(一)植物病害的形成

在整个农业生态系统中,各事物之间存在着错综复杂的相互关系。野生植物与栽培作物,作物与作物,作物的个体与群体,作物的细胞与细胞,作物的地上与地下部分,作物与周围的环境因素,例如阳光、空气、水分、养分、风、雨、温度、湿度以及有益的和有害的生物等,构成了一定的系统,无不在一定的时间、空间条件下,形成互相连接和互相制约的关系,而一切事物无不按照对立统一的法则发生和发展着。

农作物在长期的自然和人工选择下,形成其种群的生物学特性,对其周围的环境因素有着一定的适应范围,与其他生物种群保持着一定的消长关系。如果环境条件发生剧烈变化,其影响超出该种作物固有的适应限度,作物的正常代谢作用就会遭到干扰和破坏,使其生理功能或组织结构发生一系列的病理变化,以致在形态上呈现病态,这就是发病。

导致植物形成病害的原因总称为病原,其中,有非生物因素和生物因素。非生物因素包括气候、土壤、栽培条件等,例如,土壤水分过少或过多,导致旱或涝;温度过低,导致冻害等。生物因素包括真菌、细菌等多种微生物,它们自身不能制造营养物质,需要从其他有生命的生物或无生命的有机物质中摄取养分才能生存。这种寄生于其他生物的生物称为寄生物。能引起植物病害的寄生物称为病原物。如果寄生物为菌类,可称为病原菌。被寄生的植物称为寄主。

(二)植物病害的症状

植物感病后其外表的不正常表现称为症状。症状包括病状和病征两方面。病状是指植物本身表现出的各种不正常状态;病征是指病原物在植物发病部位表现的特征。植物病害都有病状,而病征只有在真菌、细菌所引起的病害才表现明显。

1. 病状类型

(1)变色。植物患病后局部或全株失去正常的绿色,称为变色。叶绿素的合成受抑制或被破坏,植物绿色部分均匀地变为浅绿、黄绿称褪绿,褪成黄色称为黄化;叶片不均匀褪色,呈黄、绿相间,称为花叶;花青素形成过盛,叶片变红或紫红称为红叶。

(2)坏死。植物受害部位的细胞和组织死亡,称为坏死。常表现有病斑、叶枯、溃疡、疮痂等,植物发病后最常见的坏死是病斑。病斑可以发生在根、茎、叶、果等各个部位,因病斑的颜色、形状等不同有褐斑、黑斑、轮纹斑、角斑、大斑等之称。

(3)腐烂。植物细胞和组织发生较大面积的消解和破坏,称为腐烂。组织幼嫩多汁的,如瓜果、蔬菜、块根及块茎等多出现湿腐,如白菜软腐病;组织较坚硬,含水分较少或腐烂后很快失水的多引起干腐,如玉米干腐病。幼苗的根或茎腐烂,幼苗直立死亡,称为立枯,幼苗倒伏,称为猝倒。

(4)萎蔫。植物由于失水而导致枝叶萎垂的现象称为萎蔫。由于土壤中含水量过少或高温时过强的蒸腾作用而引起的植物暂时缺水,若及时供水,植物是可以恢复正常的,这称为生理性萎蔫。而因病原物的侵害,植物根部或茎部的输导组织被破坏,使水分不能正常运输而引起的凋萎现象,通常是不能恢复的,称为病理性萎蔫。萎蔫急速,枝叶初期仍为青色的为青枯,如番茄青枯病。萎蔫进展缓慢,枝叶逐渐干枯的为枯萎,如棉花枯萎病。

(5)畸形。受害植物的细胞或组织过度增生或受到抑制而造成的形态异常称为畸形。如植株徒长、矮缩、丛枝、瘤肿、叶片皱缩、卷叶、蕨叶等。

2. 病征类型

(1)霉状物。病部表面产生各种颜色的霉层,如绵霉、霜霉、青霉、灰霉、黑霉、赤霉等。

（2）粉状物。病部形成的白色或黑色粉层，分别是白粉病和黑粉病的病征。

（3）锈状物。病部表面形成小疱状突起，破裂后散出白色或铁锈色的粉末状物，分别是白锈病和各种锈病的病征。

（4）粒状物。病部产生的形状、大小及着生情况各异的颗粒状物。如油菜菌核病病部产生的菌核；小麦白粉病、甜椒炭疽病病部上的小黑粒等。

（5）脓状物。病部产生乳白色或淡黄色，似露珠的脓状黏液，干燥后成黄褐色薄膜或胶粒，这是细菌性病害特有的病征，称菌脓。

症状是植物内部病变的外观表现，各种病害大都有其独特的症状，因此，症状常作为诊断病害的重要依据。但是，需要注意的是，同一种病害因发生在不同寄主部位、不同生育期、不同发病阶段和不同环境条件下，可表现出不同的症状；而不同的病害有时却可以表现相似的症状。所以，症状只能对病害做出初步诊断，必要时还需进行病原物鉴定。

三、侵染性病害和非侵染性病害的识别

根据生物因素和非生物因素引起植物病害的性质，可以分为侵染性病害（也称传染性或寄生性病害）和非侵染性病害（也称非传染性或生理性病害）。

（一）侵染性病害

由病原生物引起的植物病害称为侵染性病害。引起侵染性病害的病原物有真菌、细菌、病毒、类菌原体、线虫及寄

生性种子植物等,侵染性病害是可以传染的。当前农业上发生的重要病害,主要是由真菌、细菌、病毒和线虫引起的,其中由真菌引起的病害最多。

（二）非侵染性病害

由不适宜的环境因素引起的植物病害称为非侵染性病害。这类病害是由不良的物理或化学等非生物因素引起的生理性病害,是不能传染的。

植物生长发育需要良好的环境条件,如条件不适宜甚至有害,例如养分不足、缺乏或不均衡;土壤中的盐类过多、过酸或过碱;水分过多、过少或忽多、忽少;湿度过高、过低或忽高、忽低,光照过强或过弱;环境中存在有毒物质或气体,都会影响植物的正常生长发育,导致病害发生。

四、植物非侵染性病害

非侵染性病害的病因很多,其中主要是来自土壤、大气环境、环境污染以及由于栽培管理不当引起的为害。

（一）缺素症

植物所需的大量元素(如氮、磷、钾、钙、镁、硫)和微量元素(如铁、锰、锌、铜、硼、钼等),如果缺少或比例失衡,植物不能正常吸收利用时,就会出现缺素现象,尤其在北方保护地蔬菜种植的棚室土壤里,因长年连续种植一种或几种蔬菜而造成缺素现象非常普遍。如番茄脐腐病,在果实顶端脐部出现深褐色凹陷的病斑,病因是缺钙引起的,实际上土壤里并不缺钙离子,而是钙离子处于不能被植物吸收的状态,或由于过量使用磷、钾肥而抑制钙离子的吸收,而高温、干旱也会影响钙离子的吸收。另一种普遍发生的缺素症是缺铁白化病,植物叶片内缺乏铁离子,则不能形成叶绿素,使植物呈现白化,缺铁白化一般出现在新叶上而老叶正常。番茄筋腐病症状是病果坚硬,形成褐色条纹,切开病果有坏死筋腐条纹,病因是由于代谢紊乱造成体内缺乏锌、镁、钙等多种元素的缺素症。缺硼引起顶芽或嫩叶基部变淡绿,茎叶扭曲,根部易开裂,心部易坏死,花粉发育不良影响授粉结实。如萝卜褐心,菜花空茎等现象。

(二)药害

药害产生的原因往往是农药使用浓度过高,或使用过期失效的农药,混配不当,或由于某些蔬菜对农药敏感,容易引起药害等。在生产实践中有时会将药害当成病害,盲目地防治,所以,对药害的识别是非常必要的。如黄瓜对石灰特别敏感,所以黄瓜施用波尔多液时要谨慎,而蔬菜幼苗对波尔多铜离子反应敏感。

除草剂是杀伤高等植物的药剂,即便是具有选择性的除草剂,对栽培的蔬菜也有不同程度的杀伤作用,甚至前茬使用的除草剂对后茬作物也有很大影响,所以使用除草剂时要特别注意药害问题。邻近作物使用 2,4 - D 丁酯除草剂飘移到蔬菜上,或在棚室内存放 2,4 - D 丁酯,其气体的熏蒸作用,会造成新叶不能正常展开,变成线状皱缩的畸形叶,呈蕨叶型,常常误诊为病毒病害;使用高浓度蘸花激素或多次蘸花,易造成番茄畸形果、裂变果和空洞果。

(三)温度失调

高温、强光条件下,向阳果面的番茄、辣椒会发生日烧病,高温会造成叶片叶缘向下卷曲,萎蔫、干枯,甚至死苗;高温还会造成黄化、裂果等症状;低温会造成黄瓜的花打顶现象,或造成授粉不良而影响结果。

（四）有毒物质

邻近工厂的菜田会因工厂排出的烟、废气、污水以及汽车的尾气、粉尘等影响,而不能正常生长;土壤 pH 值失调易使铁、锰、锌、铜、铝等金属元素流失而不利于吸收,导致植物中毒或干扰钙元素的吸收;由于大量施用未腐熟的粪肥、绿肥,则因沼气发酵产生的硫化氢等多种有毒物质,常常造成蔬菜苗黑根、沤根现象。

总之,非侵染性病害的诱因是很多的,所以,非侵染性病害的症状也是非常复杂的,在诊断上不容易区分,易造成误诊,尤其与病毒病害的症状混淆不清。侵染性病害具有从点片发生逐步发展蔓延的过程,而非侵染性病害则出现均匀一致的症状,没有明显的蔓延过程。精确的诊断还需要专业的化验分析来确诊。

五、植物病害的诊断

植物病害种类繁多,发生规律各异,只有对植物病害做出正确诊断,找出病害发生的原因,确定病原的种类,才有可能根据病原特性和发病规律制定切实可行的防治措施。因此,对植物病害的正确诊断是其有效防治的前提。

（一）植物病害诊断的步骤

1. 田间观察与症状诊断

首先在发病现场观察田间病害分布情况,调查了解病害发生与当地气候、地势、土质、施肥、灌溉、喷药等的关系,初步做出病害类别的判断。再仔细观察症状特征作进一步诊断。必须严格区别是虫害、伤害还是病害;是侵染性病害还是非侵染性病害。

有些病害由于受时间和条件的限制,其症状表现不够明显,难以鉴别。必须进行连续观察或经人工保温保湿培养,使其症状充分表现后,再进行诊断。

2. 室内病原鉴定

对于仅用肉眼观察并不能确诊的病害,还要在室内借助一定的仪器设备进行病原鉴定。如用显微镜观察病原物形态。对于某些新的或少见的真菌和细菌性病害,还需进行病原物的分离、培养和人工接种试验,才能确定真正的致病菌。

(二)各类病害诊断的方法

1. 非侵染性病害的诊断

非侵染性病害由不良的环境条件所致。一般在田间表现为较大面积的同时均匀发生,无逐步传染扩散的现象,除少数由高温或药害等引起局部病变(灼伤、枯斑)外,通常发病植株表现为全株性发病。从病株上看不到任何病征,必要时可采用化学诊断法、人工诱发及治疗试验法进行诊断。化学诊断法可通过对病株或病田土壤进行化学分析,测定其成分和含量,再与健株或无病田土壤进行比较,从而了解引起病害的真正原因。常用丁缺素症等的诊断。人工诱发及治疗试验是在初诊基础上,用可疑病因处理健康植株,观察是否发生病害。或对病株进行针对性治疗,观察其症状是否减轻或是否恢复正常。

2. 真菌病害的诊断

真菌病害的主要病状是坏死、腐烂和萎蔫,少数为畸形;在发病部位常产生霉状物、粉状物、锈状物、粒状物等病征。可根据病状特点,结合病征的出现,用显微镜观察病部病征类型,确定真菌病害的种类。如果病部表面病征不明显,可将病组织用清水洗净后,经保温、保湿培养,在病部长出菌体后制成临时玻片,用显微镜观察病原物形态。

3. 细菌病害的诊断

细菌所致的植物病害症状,主要有斑点、溃疡、萎蔫、腐烂及畸形等。多数叶斑受叶脉限制呈多角形或近似圆形斑。病斑初期呈半透明水渍状或油渍状,边缘常有褪绿的黄晕圈。多数细菌病害在发病后期,当气候潮湿时,从病部的气孔、水孔、皮孔及伤口处溢出黏状物,即菌脓,这是细菌病害区别于其他病害的主要特征。腐烂型细菌病害的重要特点是腐烂的组织黏滑且有臭味。

切片检查有无喷菌现象是诊断细菌病害简单而可靠的方法。其具体方法是:切取小块病健部交界的组织,放在玻片上的水滴中,盖上盖玻片,在显微镜下观察,如在切口处有云雾状细菌溢出,说明是细菌性病害。对萎蔫型细菌病害,将病茎横切,可见维管束变褐色,用手挤压,可从维管束流出混浊的黏液,利用这个特点可与真菌性枯萎病区别。也可将病组织洗净后,剪下一小段,在盛有水的瓶里插入病茎或在保湿条件下经一段时间,从切口处有混浊的细菌溢出。

4. 病毒病害的诊断

植物病毒病有病状没有病征。病状多表现为花叶、黄化、矮缩、丛枝等,少数为坏死斑点。感病植株,多为全株性发病,少数为局部性发病。在田间,一般心叶首先出现症状,然后扩展至植株的其他部分。此外,随着气温的变化,特别是在高温条件下,病毒病常会发生隐症现象。

病毒病症状有时易与非侵染性病害混淆,诊断时要仔细观察和调查,注意病害在田间的分布,综合分析气候、土壤、栽培管理等与发病的关系,病害扩展与传毒昆虫的关系等。必要时还需采用汁液摩擦接种、嫁接传染或昆虫传毒等接种试验,以证实其传染性,这是诊断病毒病的常用方法。

5. 线虫病害的诊断

线虫多数引起植物地下部发病,病害是缓慢的衰退症状,很少有急性发病。通常表现为植株矮小、叶片黄化、茎叶畸形、叶尖干枯、须根丛生以及形成虫瘿、肿瘤、根结等。

鉴定时,可剖切虫瘿或肿瘤部分,用针挑取线虫制片或用清水浸渍病组织,或做病组织切片镜检。有些植物线虫不产生虫瘿和根结,可通过漏斗分离法或叶片染色法检查。必要时可用虫瘿、病株种子、病田土壤等进行人工接种。

(三)诊断植物病害时应注意的事项

1. 要充分认识植物病害症状的复杂性

植物病害的症状虽有一定的特异性和稳定性,但在许多情况下还表现有一定的变异性和复杂性。病害发生在初期和后期症状往往不同。同一种病害,由于植物品种、生长环境和栽培管理等方面的差异,症状表现有很大差异。相反,有时不同的病原物在同一寄主植物上又会表现出相似的症状。若不仔细观察,往往得不到正确的结论。因此,为了防止误诊,强调病原鉴定是十分必要的。

2. 要防止病原菌和腐生菌的混淆

植物在生病以后,由于组织、器官的坏死病部往往容易被腐生菌污染,因此,便出现了可同时镜检出多种微生物类群的现象。故诊断时要取新鲜的病组织进行检查,避免造成混淆和误诊。

3. 要注意病害与虫害、伤害的区别

病害与虫害、伤害的主要区别在于前者有病变过程,后者则没有。但也有例外,如蚜虫、螨类为害后也能产生类似于病害的为害状,这就需要仔细观察和鉴别才能区分。

4. 要防止侵染性病害和非侵染性病害的混淆

侵染性病害和非侵染性病害在自然条件下有时是联合发生的,容易混淆。而侵染性病害的病毒病类与非侵染性病害的症状类似,必须通过调查、鉴定、接种等手段进行综合分析,方可做出正确诊断。

第三节 农田杂草

一、杂草的为害、种类和生物学特性

(一)杂草的为害

杂草一般称为莠,在农业生产中,杂草同作物共生,争养分、水分、光线、空间,从而降低农作物的产量和质量。有些杂草是有毒的,会引起人、畜中毒。许多杂草是农作物病虫害的中间寄主,因而它又会助长农业病虫害的发生。杂草有时还阻碍交通,毁坏建筑物,引起火灾和有碍公共卫生等。

农田杂草造成的农作物减产是惊人的。据粗略统计,世界上每年因杂草为害造成农作物损失达 200 多亿美元。世界各地的草害平均损失率为 9.7%。

我国农田受杂草为害也是较重的。据统计,全国农作物因杂草造成的经济损失为 10.1%。作物栽培的 1/3 耗费支付在除草上。因而消灭田间杂草,以提高作物的产量和质量,是实现农业现代化的一项重要任务。尤其在人少地多、机械化程度高的地区,搞好除草工作就显得更为重要。

(二)杂草的种类

农田杂草一般是指农田中的非栽培植物。农田杂草的种类分布、为害和各地的纬度、经度、海拔、土壤以及各种农业措施有关。全世界杂草约有 5 万种,其中,农田杂草 8 000 余种。在我国农田杂草有 600 余种,其中,严重为害作物生长的杂草有 50 余种。在农牧交错区,农田杂草较多而且为害较重,杂草种类达 260 余种。

按照营养来源和生活方式,可将杂草分为 3 种类型:非寄生性杂草、寄生性杂草和半寄生性杂草。

1. 非寄生性杂草

这类杂草占杂草总数的比例较大,它有独立的生活方式;它有通过外界环境(二氧化碳、水和无机盐)和光合作用将无机物合成有机物的能力。根据它们的生活延续性可分为三种亚类,即一年生、二年生、多年生。

(1)一年生亚类:繁殖主要靠种子,一年内完成其生活史。一年生杂草又分为 3 种生物类群,即春播性、秋播性和冬播性。它们当中又有营养生长期长短、发芽迟早的不同。

(2)二年生亚类:种子繁殖占优势,有些也兼有无性繁殖能力。当年萌发生长营养体,第二年开花、结果,两年内完成其生活史。

(3)多年生亚类:即生活两年以上的杂草,除种子繁殖外,绝大多数是无性繁殖。这类杂草的地上部分在秋季枯萎,地下部分继续存活,所以它们的繁殖靠地下部分,分别利用根状茎、根轴、块茎、球茎、鳞茎、根蘖、须根、蔓等繁殖。

2. 寄生性杂草

它们没有绿色叶子,不具备光合作用的能力,营养靠寄主植物供给。它们利用茎(菟丝子)或根(列当)与寄主植物接触,依赖寄主植物而生存。

3. 半寄生性杂草

它们有绿色叶子,具有光合作用能力,但是部分营养(主要的糖、蛋白质、水和其他有机物)必须依靠自己的根和地上部分器官从寄主植物中汲取。用根汲取营养的有大小猪鼻花、田山萝花、湿地马先蒿等。用茎吸取营养的有槲寄生和欧洲桑寄生。

(三)杂草的主要生物学特性

1. 杂草的生产和发育

(1)杂草一般比农作物生长快,而且旺盛。吸收水分和养分能力也比农作物强。

(2)杂草在不同生态条件下,有较高的稳定性和抗逆性。如杂草耐干旱、耐贫瘠及其他不良条件。

(3)同一种杂草的不同个体,其在田间从出苗到成熟的各个生育期往往很不一致,这主要是由于耕作使杂草种子分布在不同深度的土层里造成的,这给防治带来了一定困难。

2. 杂草的繁殖

(1)种子繁殖特性:一是种子数量多。在一般情况下,一棵稗草的种子可达1万粒,一株马齿苋可产生20万粒种子。二是种子生活力强。许多杂草种子在土壤中或在水下能保持发芽力达数年之久。如藜和马齿苋埋藏在土壤中达20~40年仍能发芽。在土壤中的小蓟、龙葵的种子,20年后仍能发芽,稗草子通过牲畜消化道排出后,仍有一部分有发芽能力。有的小粒草籽,混在谷物里,当谷物磨成面粉时草籽仍保持其生活能力。杂草种子尚有有休眠期或无休眠期的区别。

(2)营养繁殖特性:多年生杂草都具有营养繁殖的能力,有相当一部分多年生杂草的地下部分非常发达,再生能力很强。其中有靠根芽繁殖和靠根茎繁殖的,它们靠强大的地下分枝根芽或茎节长成新的杂草,严重影响农作物生长。所以在进行化学除草时,必须消灭地下部分营养繁殖体,必须选择传导性除草剂。

(3)杂草种子的传播:许多杂草种子和果实传播范围很广,因为许多草籽有其传播的构造,如蒲公英、苦菜等菊科杂草的果实有冠毛。有的杂草种子有种毛,它们可以借风力传播到很远的地方。有的果实外面有薄翅或刺,如苍耳、鬼针草等,它们可附在人体或动物身上被携带到异地。有的果实成熟时,果荚开裂,将种子弹出。还有的有挂钩、卷须等。杂草种子利用这些特殊的构造,就会被传播开来。

二、农田杂草的综合防除

(一)杂草综合防除方法

(1)人工除草:利用人工拔草、锄草、清洗作物种子。

(2)农业防除法:水旱轮作,合理耕翻、深耕,合理安排茬口,施用腐熟肥料,清洁田园。

(3)机械除草:利用农业除草机械进行除草。这种除草对于解放劳动力、提高劳动生产率有巨大的作用,但它只能除去行间杂草,不能除去株间杂草。

(4)杂草检疫:防止杂草种子、尤其是恶性杂草扩散和传入、传出。严防调拨种子、苗木将杂草带入新区。

(5)生物防除:以草克草,如稻田放草绿萍,对很多杂草都有抑制作用,放养鸭群、草鱼也可灭草。

(6)化学除草:就是根据各种作物和杂草的不同选择性,利用有利于作物而不利于杂草的化学药剂,杀死杂草、保护作物的方法。

(二)农田杂草综合防除的原则

贯彻预防为主、综合防治的原则,因地制宜,合理应用各种必要的防治手段,充分发挥各种防治措施的优点,互相协调,取长补短,把杂草的为害控制在最低限度:

(1)将杂草消灭在作物生育前期。这时杂草正处于刚刚萌发阶段,抗逆性差,易防除,对作物的为害程度也较轻,而作物在苗期同杂草的竞争力也差。只有抓住这个时期防除杂草,才能收到事半功倍的效果。

(2)做好作物种子的检疫工作。这是防止杂草种子传播蔓延的重要环节。

(3)重视和发展化学除草,化学防除和机械防除相结合,配合其他防治手段。

(4)除草剂混用,除草剂与肥料混用。这样做有利于发挥除草剂的效能,降低成本,调节除草剂的残效期。

第四章　综合防治

第一节　病虫害综合防治的目的和意义

病原微生物和农业昆虫是农业生态系统中的一个重要组成部分。按照生态系的基本概念,病原微生物、农业昆虫等有害生物与生态系统中其他组成部分之间存在着相互联系、相互作用、相互依存的关系。病原微生物和植食性昆虫从寄主植物中取得能量以维持自己的生命活动,满足自身生存的基本条件,这从生物生存的角度来说无可厚非,如果它们的生存不足以造成作物的严重损失,即它们的种群和数量能保持在经济为害水平之下,是完全可以接受的。从这个意义上说,病虫害综合防治的目的不是要彻底消灭病原微生物和有害昆虫,而是要与这些生物和谐相处,即通过采取各种措施如农业措施、化学措施、生物措施和物理措施等,经济有效地将它们控制在经济为害水平之下。与这些有害生物和谐相处的基本要求是:从农业生态系统的整体出发,根据有害生物和环境之间的相互关系,充分发挥自然控制因素的作用,因地制宜、协调应用必要的措施,将有害生物控制在经济损害允许水平以下,以获得最佳的经济、生态和社会效益。

综合防治必须坚持的 3 个基本观点是：生态学观点、经济学观点和社会学观点。综合防治的 3 个层次是：以单一防治对象为内容的综合防治；以某一作物为主体的多种防治对象的综合防治；以作物生态区域为基本单位的多种作物、多种防治对象的综合防治。

在制定综合防治方案时，一般应注意以下几个问题。

(1)搞清当地主要作物田间生物群落的组成结构和病虫害种类及数量，以明确主要防治对象和兼治对象以及保护利用的重要天敌类群。

(2)研究不同防治对象的主要生物学特性、环境因素对其发生消长的影响作用，与作物物候关系等生物学、生态学问题，以明确病虫害种群数量变动规律和防治的有利时期。

(3)研究不同防治对象与寄主作物、天敌生物相互之间的关系以及害虫种群密度与为害损失程度的关系，结合防治成本、作物产值等经济、社会因素，制订科学的经济数值或防治指标。

(4)在对各种防治对象的防治技术研究试验的基础上，按照综合防治的策略原则，协调组建成系统的防治措施。

(5)方案的实施采取试验、示范、检验、推广的程序，并对其反馈信息加以分析、总结再行改进。

病虫害综合防治的目的是从农业生态系统的总体观念出发，对农作物整个生育期的主要病虫害作通盘考虑，充分利用自然抑制因素，协调地使用必要的防治措施，最大限度地减少有害副作用，把病虫害控制在经济允许的水平以下，达到农业生态系统的良性循环和农作物生产的安全、持续、稳定、高产、优质、低成本、无污染、少公害。

开展病虫害综合防治的意义在于彻底改变了病虫害防治的传统观念,最大限度地保护和利用了农业生态系统的生态环境条件、生物多样性和自身调节能力,能有效保证农业生态系统步入良性循环,农业生产安全、持续、稳定、高产、优质、低成本、少公害。开展病虫害的综合防治必将为环境友好型农业生产体系的建设做出重要的贡献。

第二节　病虫害综合防治的基本原理

一、综合防治的概念

（一）综合防治定义

综合防治是对有害生物进行科学管理的体系。它从农业生态系统总体出发,根据有害生物、环境之间的相互关系,充分发挥自然控制因素的作用,因地制宜协调应用必要的措施,将有害生物控制在经济受害允许水平之下,以获得最佳的经济、生态和社会效益。国外流行的"有害生物综合治理"（简称 IPM)与国内提出的综合防治的基本含义是一致的,都包含了以下主要观点。

1. 经济观点

综合防治只要求将有害生物的种群数量控制在经济受害允许水平之下,而不是彻底消灭。一方面,保留一些不足以造成经济损害的低水平种群,有利于维持生态多样性和遗传多样性,如允许一定量害虫存在,就有利于天敌生存;另一方面,在有害生物防治中必然要考虑防治成本与防治收益问题,当有害生物种群密度达到经济阈值(或防治指标)时,才采取防治措施,达不到则不必防治,这样做符合经济学原则。

2. 综合协调观点

防治方法多种多样,但没有一种方法是万能的,因此必须综合应用。综合协调不是各种防治措施机械地相加,也不是越多越好,必须根据具体的农田生态系统,有针对性地选择必要的防治措施,有机地结合,辩证地配合,取长补短,相辅相成。要把病虫的综合治理纳入到农业可持续发展的总方针之下,从事病虫害防治的部门要与其他部门,如农业生产、环境保护部门等综合协调,在保护环境、可持续发展的共识之下,合理配套运用农业、化学、生物、物理的方法,以及其他有效的生态手段,对主要病虫害进行综合治理。

3. 安全观点

综合防治要求一切防治措施必须对人、畜、作物和有益生物安全,符合环境保护的原则。尤其在应用化学防治时,必须科学合理地使用农药,既保证当前安全、毒害小,又能长期安全、残毒少。在可能的情况下,要尽量减少化学农药的使用。

4. 生态观点

综合防治强调从农业生态系统的总体观点出发,创造和发展农业生态系统中各种有利因素,造成一个适宜作物生长发育和有益生物生存繁殖,不利于有害生物发展的生态系统。特别要充分发挥生态系统中自然因素的生态调控作用,如作物本身的抗逆作用、天敌的控害作用、环境调控作用等。制定措施首先要在了解病虫及优势天敌依存制约的动态规律基础上,明确主要防治对象的发生规律和防治关键,尽可能综合协调采用各种防治措施并兼治次要病虫,持续降低病虫发生数量,力求达到全面控制数种病虫严重为害的目的,取得最佳效益。

(二)综合防治方案的类型

(1)以个别有害生物为对象。即以一种主要病害或害虫为对象,制定该病害或害虫的综合防治措施,如小麦锈病的综合防治方案。

(2)以作物为对象。即以一种作物所发生的主要病虫害为对象,制定该作物主要病虫害的综合防治措施,如对棉花病虫害的综合防治方案。

(3)以整个农田为对象。即以某个地区的农田为对象,制定该地区各种主要作物的重点病、虫、草、鼠等有害生物的综合防治措施,并将其纳入整个农业生产管理体系中去,进行科学系统的管理。如对某个团场的各种作物病、虫、草、鼠害的综合防治方案。

(三)综合防治的特点

1. 允许有害生物在经济受害允许水平下继续存在

以往有害生物防治的目的在于消灭有害生物,即有害生物一旦存在就必须进行防治,也就是"有之必灭"的观点。IPM的哲学基础是容忍。它允许少量害虫存在于农田生态系统中。事实上,某些有害生物在经济受害允许水平以下继续存在是合乎需要的,它有利于维持生态多样性和遗传多样性,它们为天敌提供食料和中间寄主,使有害生物天敌得以共存,加强和维持自然控制。反之,如果把它们消灭干净,必将会带来有害影响。

只有在某些特殊情况下，如只要有 1 头害虫存在时就将给生产带来威胁，即经济受害允许水平为零的害虫，才能使用"根除"的策略，对绝大多数农业有害生物来说，建立在"根除"基础上的有害生物防治哲学与综合防治是相违背的。

2. 以生态系统为管理单位

有害生物在田间并不是孤立存在的，它与生物因素和非生物因素共同构成一个复杂的、具有一定结构和功能的生态系统。改变系统中任何基本成分都可能引起生态系统的扰动。当对某一些有害生物进行防治时，任何措施都有可能影响另一些有害生物。在某种作物或作物群体的农田生态系统中，更换品种、轮作、改变栽培措施或更换化学药剂的类型都可以引起有害生物地位发生激烈的变化。一项控制措施只能对某种有害生物产生影响，同时也可能导致新的有害生物体系出现，哪怕是很细微的措施也可能影响整个生态系统。

综合防治就是要控制生态系统，使有害生物维持在受害允许水平以下，而又要避免生态系统受到破坏。因此，只有了解生态系统中各个因素对有害生物的影响，弄清它们在生态系统中的地位，了解生态系统中各组成成分的功能、反应及相互之间的关系，在进行有害生物防治时，同时考虑杂草、考虑不同防治对象的协调防治，使不同目的的防治工作得到统一。这样才能充分利用、控制和调节与有害生物有关的自然因素，制定出最佳的防治对策。

既然综合防治以生态系统为单位，那么，其管理范围一般应根据有害生物的扩散能力来决定,对具有强扩散能力的有害生物,其综合防治范围应包括较大的区域,切忌以一个农户或一小块地为单位。如果不进行合作,一个农户一天的努力可以由邻近田块有害生物的迁入而一笔勾销。国家范围内的合作和地区性甚至国际间立法的执行对于保证一些扩散能力强的有害生物的综合防治的成功是不可缺少的。

3. 充分利用自然控制因素

在有害生物群中,存在着不同类型和同一类型不同种类的各种有害生物。例如,在占昆虫总数 48.2% 的植食性昆虫种类中,约有 90% 虽然取食植物,但并不能造成严重为害。这主要是由于大多数害虫由于自身的生物学特性和自然界存在的自然控制因子的抑制作用。有害生物综合防治应高度重视生态系统中与种群数量变化有关的自然因素的作用。在诸多自然控制因素中,天敌是一个非常普遍而重要的因素。

4. 强调防治措施间的相互协调和综合

现代综合防治的基本策略是在一个复杂系统中协调使用多种措施,把有害生物种群数量及为害控制在经济受害允许水平之外,而这些措施的具体应用则有赖于特定农业生态系统及其有关有害生物的性质。

为了尽可能地利用自然控制因子,首先必须强调各项防治措施与自然控制因素间的协调。一般来说,生物防治、农业技术防治等一般不与自然控制因素发生矛盾,有时还有利于自然控制,因此,是应该优先采用的方法。而化学防治往往与自然控制因素发生矛盾,它不但杀死有害生物,同时也杀死天敌。因此,应尽量少用化学防治,除非无别的替代办法。

但就目前而言,非化学防治不但不能完全取代化学防治,而且多数有害生物都还必须依赖化学防治。估计90%左右的害虫主要控制手段仍是化学防治。

5. 强调有害生物综合防治体系的动态性

农业生态系统是一个动态系统,有害生物种群及其影响因素也是动态的。因此,综合防治方案应随有害生物问题的发展而改变,而不能像传统的杀虫剂防治体系那样采用"防治历"方法进行防治。

6. 提倡多学科协作

因为生态系统的复杂性,在系统的研究、信息的收集、综合防治方案的制订和实施过程中,需要多学科进行合作。如对害虫种群特性的了解,需要昆虫学方面的知识;对作物抗虫性的了解,需要作物遗传学方面的知识;对环境特性的了解,需要气象学方面的知识;要了解生态系统中各复杂因子的相关系统,需要应用系统工程学方面的知识;进行综合防治效果的评价,需要有生态学、经济学和环境保护学方面的知识。

随着综合防治水平的提高,系统分析、数学模型和计算机程序对制定最佳防治方案很有帮助。在系统分析的基础上,努力发展一个计算机模型,对特定时间内(对一种作物来说从播种到收获)某一作物、森林或其他生态系统中的各种时间进行模拟,用以决定怎样控制某种有害生物(如用品种、肥料、杀虫剂联合控制等),以便获得最佳管理对策。这样一个复杂系统的完成,没有多学科协作是难以进行的。

7. 经济效益、社会效益、生态效益全盘考虑

防治有害生物的最终目的是为了获得更大的效益,没有一种有害生物防治策略不考虑经济效益。如果防治费用大于有害生物为害的损失,那么,防治就无必要。IPM同样考虑经济效益,并且还十分强调:在有害生物为害损失小于经济阈值时不进行防治。

同时,IPM还强调有害生物防治的生态效益与社会效益,这也正是单独依赖化学药剂的防治策略所未考虑到而造成不良副作用的原因。

二、病害综合防治的基本原理

对病害实施有效的综合防治的前提是,确诊病害、调查病害发生为害的实际状况、分析病害发生流行的条件和规律,提出防治的对策和措施。

病害诊断是病害防治的第一步,其基本程序是:从感病植物的症状入手,全面检查,仔细分析,下结论要慎重。第一是仔细观察病植物的所有症状,寻找对诊断有关键性作用的症状特点,如有无病征,是否大面积同时发生,等等。第二是仔细分析,包括询问和查对资料在内,要掌握尽量多的病例特点,结合镜检、剖检等全面检查。病害特征变化万千,典型症状并不真是典型,例外的事是常有的。因此,诊断的程序一般包括:①症状的识别与描述;②调查询问病史与有关档案;③采样检查(镜检与剖检等);④专项检测;⑤运用逐步排除法得出适当结论。

三、虫害综合防治的基本原理

虫害防治,首先是防止外来新害虫的侵入,对本地害虫或压低虫源基数,或采取有效措施控制害虫于严重为害之前;第二是培育和种植抗虫品种,调节植物生育期躲避害虫为害盛期;第三是改善农田生态系统,恶化害虫的生活环境。

农作物发生虫害,需要一定的条件。首先,必须有害虫的虫源。其次,害虫必须在有利的环境条件下,繁殖发展到足以为害农作物生产的群体数量。最后,有些害虫只能在其寄主作物一定的生育期才能为害或为害程度更加严重。虫害防治的主要途径有如下 3 种。

(1)控制田间的生物群落,争取减少害虫的种类与数量,增加有益生物的种类与数量。

(2)控制主要害虫种群的数量,使其被抑制在不足以造成作物经济损失的数量水平。具体措施有:消灭或减少虫源;恶化害虫发生为害的环境条件;及时采取适当的措施,将害虫抑制在大量发生为害之前。

(3)控制农作物易受虫害的危险生育期与害虫盛发期的配合关系,使作物能避免或减轻受害。

第三节　病虫害的综合防治方法

在长期的病虫害防治实践中,人们探索、研究着各种各样的防治方法,经过不断的改进和发展,逐步形成了目前普遍采用的五类基本防治方法,即:①植物检疫法;②农业防治法;③生物防治法;④化学防治法;⑤物理机械防治法。这五类防治方法各具优点,但也都存在着一定的局限性。在病虫害综合治理中要根据实际情况进行优化组合,协调运用,才能取得最佳的效果。

一、植物检疫

植物检疫又称"法规防治",就是国家以法律手段,制定出一整套的法令规定,由专门机构执行,对应受检疫的植物和植物产品控制其传入和带出以及在国内的传播,是防止有害生物传播蔓延的一项根本性措施。

植物检疫的依据是建立在某些病原物、害虫和杂草的生物学特性和生态学特点的基础上的。也就是根据这些有害生物分布的地域性;扩大分布为害地区的可能性;随同农产品,尤其是种子、苗木、栽培材料传播的主要途径和其他人为传带的方式;对寄主植物或其他食料的选择性和嗜食程度;对环境条件的适生性(气候、食料、生境等自然因素)以及自然天敌对其控制作用,在原产地和在传入新区后的变动情况等方面进行分析和估量后,才能更准确有效地制定法规、实施检疫检验、决定处理办法和采取其他一系列的检疫防治措施。

(一)植物检疫的主要任务

(1)做好植物及植物产品的进出口或国内地区间调运的检疫检验工作,杜绝危险病、虫、杂草的传播与蔓延。

(2)查清检疫对象的主要分布及为害情况和适生条件,并根据实际情况划定疫区和保护区,同时对疫区采取有效的封锁与消灭措施。

(3)建立无病、虫的种子、苗木基地,供应无病、虫种苗。

(二)植物检疫的主要内容

(1)防止将危险性病、虫、杂草随同植物及植物产品(如种子、苗木、块茎、植物产品的包装材料等)由国外传入和由国内传出。也就是防止国与国之间危险性病、虫、草的传播蔓延。这称为对外检疫。

(2)当危险性病、虫、杂草已由国外传入或在国内局部地区发生,将其限制、封锁在一定范围内,防止传播蔓延到未发生的地区,并采取措施,力争彻底清除。这称为对内检疫。

植物检疫对象,是根据国家和地区对保护农业生产的实际需要和病、虫、杂草发生特点而确定的。一般确定检疫对象的原则有:①主要依靠人为的力量而传播的危险性病、虫、杂草。②对农业生产威胁很大,能造成经济上的严重损失,可以通过植物检疫方法,加以消灭和阻止其传播蔓延,并彻底清除。③仅在局部地区发生,分布还不广泛的危险性病、虫、杂草,或分布虽广但还有未发生的地区,也需要加以保护。

疫区就是某种检疫对象发生为害的地区,也称某种植物检疫对象的疫区。保护区就是某种检疫对象还没有发生的地区,必须采取检疫,防止人为地将检疫对象传入该地区,也叫做防止某种检疫对象传入的保护区。

二、农业防治措施

农业防治法就是根据农业生态系统中有害生物(病原物)、有益生物(天敌等)、作物、环境条件三者之间的关系,结合农作物整个生产过程中一系列耕作栽培管理技术措施,有目的地改变病原微生物和害虫的生活条件和环境条件,使之不利于有害生物的发生发展,而有利于农作物和有益生物的生长发育;或是直接对有害生物的数量起到一定的抑制作用。

(一)农业防治法的特点

(1)农业防治法的作用是多方面的,其在控制田间生物群落、主要病虫害的数量、作物生长与病虫害发生的相互关系等方面均可发挥作用。

(2)农业防治法在绝大多数情况下仅需结合必要的栽培管理技术措施进行,不需要为防治害虫增加额外的人力、物力负担。

(3)农业防治法还可以避免因大量地长期施用化学农药所产生的害虫抗药性、环境污染以及杀伤有益昆虫等不良影响。

(4)农业防治法往往比较容易贯彻推行,防治规模也较大,具有相对稳定和持久的特点,这符合综合防治充分发挥自然因子控制作用的策略原则。

(二)农业防治的局限性

(1)农作制的设计和农业技术的采用首先要服从丰产的要求,有时这些要求会与某些病虫害的防治措施产生矛盾。

(2)一地的农作制和农业技术措施,是在当地长期生产实践过程中形成的,如要加以改变必须全面考虑,因地制宜推行。同时,农业防治的作用表现缓慢,要做好宣传工作,否则不易为群众所接受。

（3）农业防治所采用的措施,往往地域性、季节性较强,防治效果也不如化学防治快。因此,在病虫害已大量发生为害时,难以及时解决问题。

（三）农业防治的主要措施

（1）耕作制度的改进和创新,实行合理的轮作。

（2）兴修水利,大搞农田基本建设,改变害虫生活环境条件。

（3）整地、施肥等有关措施的运用。

（4）播种期、播种密度、播种深度等播种技术的改进。

（5）加强田间管理,使其有利于作物的生长发育,而不利于害虫的发生发展。

（四）农业防治的防治作用

（1）有利于作物生长发育,提高作物的抗病虫能力。

（2）对食性单一或比较单纯的病虫害。

对食性专一或比较单纯的病虫害可恶化其环境条件,抑制其发生数量。

（3）作物种类及耕作栽培技术。

由于作物种类的变换及耕作栽培技术的相应变化,改变了田间的环境条件,使其不利于某些病虫害的发生发展。

各种防治措施的具体作用如下。

①兴修水利,大搞农田基本建设。既能改造农田,提高作物产量,也能改变农作物害虫的生活环境条件。自然生态条件发生重大变化,必然引起生物群落剧烈改变,彻底破坏某些害虫的适生环境,从而抑制害虫的发生发展,甚至达到根治的要求。例如:我国黄河、淮河、海河以及内陆湖泊的治理,大片荒

地的开垦,对消灭飞蝗的发生起了决定性的作用。

②整地。直接将地面或浅土中的害虫深埋或使其不能出土,或将土中病虫翻出地面使其暴露于不良气候或天敌侵袭之下,也可能直接杀死一部分病虫,可以间接改善土壤理化性质,调节土壤气候,提高土壤保水保肥能力,促进作物健壮生长,增强抗虫能力,而阻碍害虫发生为害。

③合理施肥。改善作物的营养条件,提高作物的抗病虫能力;促进作物的生长发育。

④改变土壤性状。恶化土壤中病原物和害虫生存的环境条件;直接杀死病原物和害虫。

⑤避病、避虫。使作物易受害的危险期与病虫害发生为害盛期错开,避免或减轻受害。例如,麦秆蝇的产卵对小麦生育阶段有限制性,在拔节期尤其是拔节末期着卵最多,到孕穗期着卵减少,在抽穗期则极少着卵。因此,在春麦区适当早播可以减轻受害,而在冬麦区早播者秋季受害较重,原因是迟播的小麦出苗在成虫产卵之后。在南方稻区采取调整播种期、插植期,使水稻易受螟害的生育期与稻螟发生盛期错开,即所谓“栽培避螟”,是防治的有效措施。

⑥加强田间管理。可对作物生长发育有利,而对害虫发生发展不利。田园清洁是田间管理的重要一环,对防治害虫常是有效措施之一。田间的枯枝、落叶、落果、残株等各种农作物残余物中,往往潜藏着不少害虫,在冬季又常是某些害虫的越冬场所;田间及附近的杂草常是某些害虫的野生寄主、蜜源植物、越冬场所,也常是某些害虫在作物幼苗出土前和收获后的重要食料来源,因此,清除作物的各种残余物,清除杂草,对防治多种病虫害具有重要的意义。

⑦选育、推广植物抗性品种。在同种作物的不同品种间,具有抗性种质的抗性品种对某些病虫害具有较强的抵抗能力,这种可遗传的特性,会使作物不受害或受害较轻。因此,选育和推广抗性品种在病虫害的防治方面具有重要作用。植物的抗性可分为抗虫性、抗病性和抗逆性3类。其中,抗虫性的机制有三,即不选择性、抗生性和耐害性;抗病性的机制多种多样,按照寄主抗病的机制不同,可将抗病性区分为主动抗病性和被动抗病性;根据寄主品种与病原物小种之间有无特异性相互作用,可区分为小种专化性抗病性和非小种专化性抗病性;根据抗病性的遗传方式,可区分为主效基因抗病性和微效基因抗病性;根据抗病性表达的病程阶段不同,又可区分为抗接触(避病)、抗侵入、抗扩展、抗损失(耐病)和抗再侵染等。

三、生物防治

生物防治是利用生物有机体或其代谢产物来控制有害生物,使有害生物不能造成损失的方法。

(一)害虫的生物防治

1. 利用天敌昆虫防治害虫

(1)天敌昆虫的保护和利用。采取农业技术措施进行保护主要是通过改变田间小气候,提供天敌昆虫的补充寄主,保证天敌昆虫有足够的营养食料,降低其死亡率,提高寄生率,增加田间天敌昆虫数量。

合理施用农药是为了避免化学药剂对天敌昆虫的杀伤作用。具体办法可采取选用对天敌影响较小的药剂,尽量少用毒性强、残效长、杀虫范围广的广谱性农药；选择在对害虫最为有效而对天敌最为安全的时期施药；选择适当的药剂浓度，使之只杀害虫而不伤天敌。

（2）天敌昆虫的繁殖与释放。用人工的方法，大量繁殖与释放天敌昆虫，以弥补自然界中天敌数量的不足，促使在害虫尚未大量发生为害之前，就受到天敌的抑制。天敌昆虫的繁殖与释放，最重要的就是以期获得有效天敌昆虫能在当地建立种群，这样才能达到对害虫的持续的控制效果。人工繁殖和释放天敌昆虫，需要考虑多方面的问题。其中，最关键的是适宜寄主的选择(亦即转换寄主的选择)，以及释放时期、方法和数量；释放前的保存方法；繁殖饲养，防止生活力退化；饲养方法经济简便等问题。

（3）天敌昆虫的引进和应用。引进天敌昆虫应当首先做好深入调查研究工作，主要包括：①确定要防治害虫的原产地，尽量在原产地寻找有效天敌；②在要防治的害虫对象发生数量少的地区搜集有效天敌；③充分了解引进天敌所在原产地或轻发生地的气候、生态等情况。需要注意的是从国外常规地引入天敌昆虫常存在一种潜在的危险，即易于将危险性病虫及其他寄生昆虫等同时带入，因此，应相应地加强植物检疫工作。引进的天敌昆虫，应选繁殖力强、繁殖速度快、生活周期短、性比大、适应能力强，寻找寄主的活动能力大，并和害虫的生活习性比较相近的。

2. 利用病原微生物防治害虫

利用病原微生物防治害虫，早在 19 世纪末已开始，但直至近 20 年来由于药剂防治所带来的问题日趋严重以及促使昆虫致病的病原物相继被发现,利用病原微生物防治害虫才引起了广泛的注意,且发展较快。

(1)真菌。生物防治上应用最广泛的真菌有白僵菌、绿僵菌、虫霉、赤座霉和蜡蚧轮枝菌等。其中,白僵菌引起的病害占 21%,寄主范围广,致病力和适应性较强,寄主昆虫有200 多种。

白僵菌剂中的孢子与虫体接触后,在适宜条件下萌发,并同时分泌一种几丁质酶和蛋白质毒素(接触毒素),溶解昆虫表皮。这时,发芽管即侵入虫体内,并渐渐伸长为营养菌丝,在体内形成大量的菌丝体,直接吸收昆虫体液养分,损坏其运动机能。由菌丝产生的圆球形孢子和菌丝在血液里阻碍昆虫的血液循环,同时病菌代谢物如草酸钙盐类在虫体血液中大量积聚,致使血液的酸度下降,病菌大量繁殖,引起昆虫体液理化性质的变化,最终导致其新陈代谢机能紊乱而死亡。最后,圆球形孢子发芽伸长形成菌丝,大量夺取虫体水分致使虫尸硬化,而长出虫体外的菌丝又可继续繁殖传播。菌剂还可随食物进入害虫虫体。

(2)细菌。致病的细菌种类很多,其中以芽孢杆菌、无芽孢杆菌、球杆菌应用较多。芽孢杆菌能产生芽孢,抵抗不良环境,并且在生长发育过程中能形成具有蛋白质毒素的伴孢晶体,对多种昆虫,尤其是对鳞翅目昆虫有很强的毒杀作用。目前国内可用细菌来防治菜青虫、玉米螟、三化螟、松毛虫、稻纵卷叶螟、稻苞虫及一些林业害虫。苏云金杆菌、青虫菌、松毛虫杆菌及杀螟杆菌均属芽孢杆菌类。此外,还有日本金龟子流乳病菌(包括日本金龟子芽孢杆菌和慢死芽孢杆菌两种)。对防治棉铃虫效果极好的 HD-1 亦属苏云金杆菌。这类杀虫细菌的使用效果,首先与选用的菌种有关。往往由于品种不同,对不同防治对象的效果差异很大。除品种外,使用条件会影响其效果,如温度也是影响因素之一,一般以20℃以上效果较好,细菌生长最快和昆虫代谢率最高的温度就是致病力最强的温度。菌剂中加入0.1%的洗衣粉有增效作用。与低浓度农药混用也可提高效果。喷施时应掌握害虫盛孵期或取食期。

(3)病毒。病毒的特异性强,对寄主有专一性。寄生昆虫的病毒一般不感染人类、高等动物、高等植物,使用时比较安全。病毒侵入昆虫的途径主要是通过口器。核多角体病毒为昆虫碱性胃液析出的病毒粒子,在昆虫的体壁、脂肪体、血液中的细胞核里增殖后,离开感染细胞,再侵入健康细胞,导致其死亡。病毒制剂的方法过去主要是用自然采集的昆虫培养,所以发展受到了限制。近年来随人工饲料研究的进展,使用人工饲料大量饲养昆虫成为可能,这样可以利用接种来获得病原病毒。我国除发现黏虫核多角体病毒外,还发现棉铃虫核多角体病毒,且已研制成功并在生产上应用。

(4)其他微生物。微孢子在国外研究较多,已知与昆虫有关的有100多种,可寄生于鳞翅目、鞘翅目等12个目的昆虫,近年来在防治蝗虫中已开展了应用试验。能使昆虫致病的立克次体主要是微立克次体属的一些种,寄生于双翅目、鞘翅目和鳞翅目的一些昆虫种类。

昆虫病原线虫是有效天敌类群之一,现已发现有3 000种以上的昆虫有线虫寄生,可导致虫体发育不良和生殖力减退以致滞育和死亡。其中,最主要的是索线虫类、球线虫类和新线虫类。

3. 利用其他有益动物防治害虫

节肢动物门的蛛形纲中的蜘蛛目及蜱螨目中一些动物种类对害虫的控制作用,已日益受到人们的重视。在水稻、棉田和果园中有不少动物种类对一些主要害虫的种群数量发展有着明显的抑制效果。

4. 利用不育性防治害虫

害虫的不育性防治就是利用多种特异方法,破坏昆虫生殖腺的生理功能,或是利用昆虫遗传成分的改变,使雄性不产生精子,雌性不排卵,或受精卵不能正常发育。将这些大量不育个体,释放到自然种群中去交配造成后代不育。在一定的世代重复中连续应用这种做法,可达到使害虫的种群数量一再减少,甚至最后导致其消亡的目的。不育的方法包括:①辐射不育,即利用放射线照射破坏昆虫的生殖腺造成不育个体;②化学不育,即利用化学药剂处理昆虫使之不育,因此凡是能使昆虫不育的化学药剂均称为化学不育剂;③遗传不育,即对昆虫个体的基因成分采取人为的影响使其改变,以至它们所产生的后代生殖力减退或遗传上不育。

5. 利用昆虫激素防治害虫

根据激素的分泌及作用过程可分为内激素和外激素两大类。在害虫防治工作中研究和应用较多的是外激素中的性外激素,也称为性信息激素。应用性外激素防治害虫,主要是采取直接诱杀和干扰交配两种方式。诱捕法,即在一定区域内使用足够数量的诱捕器,并使诱得的雄虫数比雌虫多,而造成田间雌虫保持不孕状态从而降低下一代虫口数量。干扰交配即迷向法,它的依据是在田间释放大量性外激素,破坏雌雄虫之间的正常信息联系,使雄虫失去对寻找雌虫的定向能力,而不能进行交配。迷向法的效果主要受单位面积内性外激素量多少的影响。

(二)病害的生物防治

植物病害的生物防治是指,在农业生态系统中调节植物的微生物环境,使其不利于病原物或者使其对病原物与微生物的相互作用发生有利于寄主而不利于病原物的影响,从而达到防治病害的目的。

1. 利用有益生物防治病害

拮抗微生物的选择和利用。常用的拮抗微生物有:5406抗生菌、增产菌、芽孢杆菌、荧光假单胞菌、根癌农杆菌和木霉菌等。

2. 农用抗生素

灭瘟素,主要用于水稻稻瘟病的防治,对穗颈瘟的防治效果更佳;春雷霉素,用于防治稻瘟病,有良好的内吸治疗效果,主要作用为抑制菌丝蛋白质的合成;多抗霉素,具有广泛的抗真菌谱,可用于防治人参褐斑病、苹果斑点落叶病、烟草赤星病、番茄(草莓、黄瓜、酒花)灰霉病、黄瓜霜霉病、梨黑斑病、三七和甜菜褐斑病等多种病害;井冈霉素,防治水稻纹枯病。

四、化学防治

化学防治也称药剂防治,就是利用化学农药的生物活性来防治病虫害。常用的农药包括杀虫剂、杀螨剂、杀菌剂、杀线虫剂、除草剂、植物生长调节剂和杀鼠剂等。化学防治防效高、见效快,使用时受地域和季节的影响较小,使用方法灵活多样,在病虫害的防治中应用广泛,在综合防治中占有重要的地位。但由于化学药剂长期不合理的使用,给环境带来了一定的负面影响,农药中有毒成分在环境中大量积累,造成了环境的污染,不仅对害虫天敌造成伤害,还时刻威胁着人畜的安全,也提高了农业种植的成本。单一地使用农药进行防治还导致病虫抗药性,造成病虫的再猖獗。因此,在使用农药过程中,要结合其他防治方法,同时根据农药的剂型、防治对象的生物学特征、农作物的生育期、施药环境及当时的天气条件选择正确的使用方法、适当的使用浓度,减少使用的次数和浓度,减少农药残留,尽量避免伤害到害虫天敌。

五、物理机械防治

物理防治即采用物理的方法消灭害虫或改变其物理环境,创造一种对害虫有害或阻隔其侵入的方法。如应用各种物理因子,如光、电、色、温度等及机械设备来防治害虫。物理防治的理论基础是人们在充分掌握害虫对环境条件中的各种物理因子如光照、颜色、温度等的反应和要求之后,利用这些特点来诱集和消灭害虫。该法收效迅速,可直接把害虫消灭在大发生之前,或在某些情况下,作为大发生时的急救措施,可起到杀灭作用。

(一)害虫的物理机械防治方法

1. 捕捉法

根据害虫的生活习性进行捕杀。如用铁丝钩捕树中的天牛幼虫;用拍板和稻梳捕杀稻蝗;用黏虫兜捕黏虫;在处理检疫性蛀干害虫时,可将带虫树木推入沟塘浸 30 天以上。在其浸泡期间每隔 7 天把树木翻动 1 次,可将蛀入木质部的光肩星天牛、黄斑星天牛幼虫杀死,也可将带有黄斑星天牛等大型检疫性蛀干害虫的原木解成板材,或把带虫原木的树皮剥下,集中烧毁;采用摇树振枝法,可将梦尼夜蛾幼虫振落而集中消灭;在蛹期人工翻挖树干周围土壤,可消灭部分蛹;冬季可摘除枯叶上的山楂绢粉蝶的虫巢。

2. 诱集法

农作物的许多害虫,其成虫都具有趋黄性、趋味性和趋光性等特性,利用害虫的这些特性采取相应的方法进行诱杀,即可聚而歼之。黏虫喜欢在黄色枯草上产卵,利用这一特性可将虫蛾诱集到草把上产卵,将草把搜集并烧毁;蚜虫和黄曲条跳甲有趋黄性,可用黄盆诱集;豌豆潜叶蝇有趋甜性,可用浓度 3% 红糖液或甘薯、胡萝卜煮出液诱集;地老虎和斜纹夜蛾等成虫具有极强的趋味性,对酸、甜味很敏感,用这一特性可配制糖醋毒浆诱杀;萎蔫的枫杨对棉铃虫成虫有引诱作用。灯光可以诱杀多种害虫,但以鳞翅目害虫为最多,其次为直翅目、半翅目、鞘翅目等害虫。高压汞灯能同时发出长短两列光波,诱杀害虫范围广、种类多。双波诱虫灯能很好地监控马尾松毛虫、楝树舟蛾、杨扇舟蛾等害虫。

3. 声控法

各国学者在昆虫声学这一交叉学科取得了许多可喜的成就,如声诱捕蚊子、声测森林中白蚁以及水果和谷物中的害虫等。在掌握了多数量、复合种类害虫声信息的提取、分离、辨别技术之后,研制成功了一种粮仓害虫连续自动监测系统,能监测到粮仓中的谷蠹、赤拟谷盗、米象等不同种类害虫。害虫声测报技术始终是昆虫声学领域研究的热点,美国已建立了水果害虫和储粮害虫声信号微机监测的研究系统,应用于农产品的出口检验及存储检验。我国现已开始加强这一领域的研究。

4. 阻隔法

依据害虫生活习性,设置各种障碍物,防止其为害或阻止其蔓延。如使用防虫网、树干刷白、果实套袋、粮囤表面覆盖惰性粉等。用粗沙或细炉煤渣屏障可有效地防止白蚁入侵。防虫网能有效防虫,并在发达国家和地区早已广为应用。如以色列设施园艺的门、窗(通风口)四周均安装了防虫网,我国蔬菜防虫网覆盖栽培也比较普遍,防虫效果良好。

5. 高、低温法

持续高温能使昆虫体内蛋白质变性失活,破坏酶系统而使有机体的生理功能紊乱最终导致其死亡;持续低温使昆虫的生理代谢活动下降,体内组织液冷却结冰而逐渐丧失存活能力;热水处理可防治昆虫、线虫及螨类。如热水能杀死芒果中的实蝇卵及低龄幼虫、苹果蠹蛾幼虫、豆象及小蜂幼虫;蒸热处理可防治实蝇卵及幼虫等;干热处理一般在烘箱或烤炉里进行,它可防治马铃薯线虫和芒果果核象甲;微波处理可防治豆象幼虫;冷藏法可防治地中海实蝇、橘小实蝇、瓜实蝇卵和幼虫等;热处理和低温冷藏综合应用可防治苹果蠹蛾低龄幼虫;冷藏与溴甲烷处理可防治三叶草斑潜蝇;冷藏与辐照处理可防治加勒比实蝇。

6. 辐射法

辐射法主要用于贮粮、食品、中草药、图书档案和商品检疫等方面的害虫防治。如用 3 万～5 万伦琴辐射可杀死稻谷、小麦和豆类内 99%～100% 的害虫；用 10 万伦琴辐射可完全杀死板栗实蛾；用 16 万伦琴辐射可在 30 天内杀死各处档案图书内的所有害虫；用 6 万伦琴辐射以上，可以阻止芒果核象的成虫羽化。

7. 微波法

微波可以在介质内部产生高温，从而达到杀虫的目的，它对害虫的各种虫态均有较好的防效。如用红外线烘烤防治竹蠹，把微波用于大面积田间处理可杀死土壤害虫。将载有一定静电量的液滴喷在蚜虫的身上，蚜虫身上的带电液滴将会在虫体上放电，电场首先击穿蚜虫的体表，致其外部伤害，然后，在电流流过蚜虫身体的同时，杀死其体内细胞，使蚜虫触电后立即死亡。用脉冲电场技术能有效地杀死柑橘中的墨西哥果蝇卵及幼虫。

(二)病害的物理防治方法

1. 干热处理法

主要用于蔬菜种子，对多种子传播的病毒、细菌和真菌都有防治效果。黄瓜种子经 70℃ 干热处理 2～3 天，可使绿斑花叶病毒失活。番茄种子经 75℃ 处理 6 天或 80℃ 处理 5 天可杀死种传黄萎病菌。不同植物的种子耐热性有差异，处理不当会降低萌发率。豆科作物种子耐热性弱，不宜干热处理。含水量高的种子受害也较重，应先行预热干燥。干热法还用以处理原粮、面粉、干花、草制品和土壤等。

2. 温汤浸种法

用热水处理种子和无性繁殖材料，通称"温汤浸种"，可杀死在种子表面和种子内部潜伏的病原物。热水处理是利用植物材料与病原物耐热性的差异，选择适宜的水温和处理时间以杀死病原物而不损害植物。棉秆经硫酸脱绒后，用55～60℃的热水浸种半小时，可杀死棉花枯萎病菌和多种引致苗病的病原菌。大豆和其他大粒豆类种子水浸后能迅速吸水膨胀脱皮，不适于热水处理，可用植物油、矿物油或四氯化碳代替水作为导热介质处理豆类种子。

热蒸汽也用于处理种子、苗木，其杀菌有效温度与种子受害温度的差距较干热灭菌和热水浸种大，对种子发芽的不良影响较小。热蒸汽还用于温室和苗床的土壤处理。通常用80～95℃蒸汽处理土壤30～60分钟，可杀死绝大部分病原菌，但少数耐高温微生物和细菌的芽孢仍可继续存活。

利用热力治疗感染病毒的植株或无性繁殖材料是生产无病毒种苗的重要途径。热力治疗可采用热水处理法或热空气处理法。热水处理法虽应用较早，但热空气处理效果较优，对植物的伤害较小。甘蔗、苹果、梨、桃、草莓、马铃薯、甘薯、香石竹等作物的热力治疗已成为防治这些作物病毒病害的常规措施。多种类型的繁殖材料，诸如种子、接穗、苗木、块茎、块根等都可用热力治疗方法。不论处于休眠期的植物繁殖材料或生长期苗木都可应用热力治疗方法，但休眠的植物材料较耐热，可应用较高的温度（35～54℃）处理。处理休眠的马铃薯块茎治疗卷叶病的适温为35～40℃。较高的温度(40～45℃)可能钝化类菌原体。柑橘苗木和接穗用 49℃湿热空气处理 50 分钟,治疗黄龙病效果较好。

谷类、豆类和坚果类果实充分干燥后,可避免真菌和细菌的侵染。冷冻处理也是控制植物产品(特别是果实和蔬菜)收获后病害的常用方法、冷冻本身虽不能杀死病原物,但可抑制病原物的生长和侵染。

核辐射在一定剂量范围内有灭菌和食品保鲜作用。钴射线辐照装置较简单,成本较低,射线穿透力强,多用于处理贮藏期农产品和食品。

微波是波长很短的电磁波,微波加热适于对少量种子、粮食、食品等进行快速杀菌处理。用 ER692 型微波炉,在 70℃下处理 10 分钟就能杀死玉米种子传带的玉米枯萎病病原细菌,但种子发芽率略有降低。微波加热是处理材料自身吸收能量而升温,并非传导或热辐射的作用。微波炉已用于植物检疫,处理旅客携带或邮寄的少量种子与农产品。

此外,一些特殊颜色和物理性质的塑料薄膜已用于蔬菜病虫害防治。例如,蚜虫忌避银灰色和白色膜,用银灰反光膜或白色尼龙纱覆盖苗床,可减少传毒介体蚜虫数量,减轻病毒病害。夏季高温期铺设黑色地膜,吸收日光能,使土壤升温,能杀死土壤中多种病原菌。

第五章　农作物病虫害监测预报

第一节　病虫害预测技术

依据病虫害的发生流行规律,利用经验的或系统模拟的方法估计一定时间之后病虫害的发生流行状况,称为预测。由权威机构发布预测结果,称为预报。有时对这两者并不作出严格的区分,通称为病虫害预测预报,简称病虫害预报。代表一定时限后病虫害发生流行状况的指标,例如,病虫害发生期、发生数量和发生流行程度的级别等称为预(测)报量;而据以估计预报量的发生流行因素称为预报(测)因子。目前,病虫害预测的主要目的是用做防治决策参考和确定药剂防治的时机、次数和范围。

一、预测的内容

病虫害预测主要是预测其发生期、发生流行程度和导致的作物损失。

(一)病虫害发生期预测

主要是估计病虫害可能发生的时期。对于害虫来说,通常是特定的虫态、虫龄出现的日期;而病害则主要是侵染临界期。如果树和蔬菜病害多根据小气候因子预测病原菌集中侵染的时期,以确定喷药防治的适宜时期。这种预测也称为侵染期预测。德国一种马铃薯晚疫病预测方法是在流行始期到达之前,预测无侵染发生,发出安全预报,这称为负预测。

（二）发生或流行程度预测

主要是预测有害生物可能发生的量或流行的程度。预测结果可用具体的虫口或发病数量(发病率、严重度、病情指数等)作定量的表达,也可用发生、流行级别作定性的表达。发生、流行级别多分为大发生(流行)、中度发生(流行)、轻度发生(流行)和不发生(流行),具体分级标准根据病虫害发生数量或作物损失率来确定,因病虫害种类而异。

（三）损失预测

也称为损失估计,主要是在病虫害发生期、发生量等预测的基础上,根据作物生育期和病虫害猖獗相结合,进一步研究预测某种作物的危险生育期,是否完全与病虫害破坏力、侵入力最强而且数量最多的时期相遇,从而推断灾害程度的轻重或所造成损失的大小;配合发生量预测,进一步划分防治对象,防治次数,并选择合适的防治方法,控制或减少为害损失。在病虫害综合防治中,常应用经济损害水平和经济阈值等概念。前者是指造成经济损失的最低有害生物(或发病)数量,后者是指应该采取防治措施时的数量。损失预测结果可以确定有害生物的发生是否已经接近或达到经济阈值,用于指导防治。

二、预测时限与预测类型

按照预测的时限可分为超长期预测、长期预测、中期预测和短期预测。

(一)超长期预测

也称为长期病虫害趋势预测,一般时限在一年或数年。主要运用病虫害流行历史资料和长期气象、人类大规模生产活动所造成的副作用等资料进行综合分析,预测结果指出下一年度或将来几年的病虫害发生的大致趋势。超长期预测一般准确率较差。

(二)长期预测

长期预测也称为病虫害趋势预测,其时限尚无公认的标准,习惯上指一个季节以上,有的是一年或多年。主要依据病虫害发生流行的周期性和长期气象等资料作出。预测结果指出病虫害发生的大致趋势,需要随后用中、短期预测加以校正。害虫发生量趋势的长期预测,通常根据越冬后或年初某种害虫的越冬有效虫口基数及气象资料等作出,于年初展望其全年发生动态和灾害程度。例如,我国滨湖及河泛地区,根据年初对涝、旱预测的资料及越冬卵的有效基数来推断当年飞蝗的发生动态;我国长江流域及江南稻区多根据螟虫越冬虫口基数及冬春温、雨情况对当地发生数量及灾害程度的趋势作出长期估计;多数地区能根据历年资料用时间序列等方法研制出预测式。长期预测需要根据多年系统资料的积累,方可求得接近实际值的预测值。

（三）中期预测

中期预测的时限一般为一个月至一个季度,但视病虫害种类不同,期限的长短可有很大的差别。如一年一代、一年数代、一年十多代的害虫,采用同一方法预测的期限就不同。中期预测多根据当时的有害生物数量数据,作物生育期的变化以及实测的或预测的天气要素作出预测,准确性比长期预测高,预测结果主要用于作出防治决策和作好防治准备。如预测害虫下一个世代的发生情况,以确定防治对策和部署。目前,三化螟发生期预测,用幼虫分龄、蛹分级法,可依据田间检查上一代幼虫和蛹的发育进度的结果,参照常年当地该代幼虫、蛹和下代卵的历期资料,对即将出现的发蛾期及下一代的卵孵和蚁螟蛀茎为害的始盛期、高峰期及盛末期作出预测,预测期限可达 20 天以上;或根据上一代发蛾的始盛期或高峰期加上当地常年到下一代发蛾的始盛期或高峰期之间的期距,预测下一代发蛾始盛期或高峰期,预测期限可长达一个月以上。

（四）短期预测

短期预测的期限大约在 20 天以内。一般做法是根据害虫前一、二个虫态的发生情况,推算后一二个虫态的发生时期和数量,或根据天气要素和菌源情况进行预测,以确定未来的防治适期、次数和防治方法。其准确性高,使用范围广。目前,我国普遍运用的群众性测报方法多属此类。例如,三化螟的发生期预测,多依据田间当代卵块数量增长和发育、孵化情况,来预测蚁螟盛孵期和蛀食稻茎的时期,从而确定药剂或生物防治的适期。又如,根据稻纵卷叶螟前一代田间化蛹进度及迁出迁入量的估计来预测后一二个虫态的始见期、盛发期等，以确定赤眼蜂的放蜂或施药适期。病害侵染预测也是一种短期预测。

三、病害预测的依据和预测方法

病害流行的预测因子应根据病害的流行规律，由寄主、病原物和环境诸因素中选取。一般来说，菌量、气象条件、栽培条件和寄主植物生育情况等是重要的预测依据。

（一）根据菌量预测

单循环病害侵染概率较为稳定，受环境条件影响较小，可以根据越冬菌量预测发病数量。对于小麦腥黑穗病、谷子黑粉病等种传病害，可以检查种胚内带菌情况，确定种子带菌率和翌年病穗率。在美国还利用5月份棉田土壤中黄萎病菌微菌核数量预测9月份棉花黄萎病病株率。菌量也用于麦类赤霉病预测，为此，需检查稻桩或田间玉米残秆上子囊壳数量和子囊孢子成熟度，或者用孢子捕捉器捕捉空中孢子。多循环病害有时也利用菌量作预测因子。例如，水稻白叶枯病病原细菌大量繁殖后，其噬菌体数量激增，病害严重程度与水中噬菌体数量呈高度正相关，故可以利用噬菌体数量预测白叶枯病发病程度。

（二）根据气象条件预测

多循环病害的流行受气象条件影响很大，而初侵染菌源不是限制因素，对当年发病的影响较小，故通常根据气象因素预测。有些单循环病害的流行程度也取决于初侵染期间的气象条件，叫做利用气象因素预测。英国和荷兰利用"标蒙法"预测马铃薯晚疫病侵染时期。该法指出,若相对湿度连续 48 小时高于 75％、气温不低于 16 ℃,则 14～21 天后田间将出现中心病株。如葡萄霜霉病菌,以气温为 11～20 ℃,并有 6 小时以上叶面结露时间为预测侵染的条件。苹果和梨的锈病是单循环病害,每年只有一次侵染,菌源为果园附近桧柏上的冬孢子角。在北京地区,每年 4 月下旬至 5 月中旬若出现大于 15 毫米的降雨,且其后连续 2 天相对湿度大于 40％,则 6 月份将大量发病。

（三）根据菌量和气象条件进行预测

综合菌量和气象因素的流行学效应。作为预测的依据,已用于许多病害的预测,有时还把寄主植物在流行前期的发病数量作为菌量因素,用于预测后期的流行程度。我国北方冬麦区小麦条锈病的春季流行通常依据秋苗发病程度、病菌越冬率和春季降水情况预测。我国南方小麦赤霉病流行程度主要根据越冬菌量和小麦扬花灌浆期气温、雨量和雨日数预测,在某些地区菌量的作用不重要,只根据气象条件预测。

（四）根据菌量、气象条件、栽培条件预测

有些病害的预测除应考虑菌量和气象因素外,还要考虑栽培条件和寄主植物的生育期和生长发育状况。例如,预测稻瘟病的流行,需注意氮肥施用期、施用量及其与有利气象条件的配合情况。在短期预测中,水稻叶片肥厚披垂,叶色墨绿,则预示着稻瘟病可能流行。在水稻的幼穗形成期检查叶鞘淀粉含量,若淀粉含量少,则预示穗颈瘟可能严重发生。水稻纹枯病流行程度主要取决于栽植密度、氮肥用量和气象条件,可以作出流行程度因密度和施肥量而异的预测式。油菜开花期是菌核病的易感阶段,预测菌核病流行多以花期降水量、油菜生长势、油菜始花期迟早以及菌源数量(花朵带病率)作为预测因子。此外,对于昆虫传播的病害,介体昆虫数量和带毒率等也是重要的预测依据。

第二节 鼠害预测技术

一、预测预报的原则

为了制定合理的防治方案,必须研究鼠类发生的客观规律,采取科学的预测预报方法。一般应搜集和研究鼠情变化主导因素及其条件等资料。

二、鼠情变化的主导因素

鼠类种类和数量变化的原因,归根结底是由它们的出生率和死亡率决定的。在这种矛盾中,出生率往往起决定作用。

(1)雌鼠在种群中所占的比例。参加繁殖的雌鼠个体多,种群的出生率就高,所以,要注意研究种群中雌鼠所占的比例。

(2)害鼠年龄大小的比例。幼年鼠比例大,老年鼠比例小,表明出生率大于死亡率,是一个数量迅速增长的种群;幼年鼠和中年鼠的比例大体相等,表明出生率和死亡率大体相近,是一个稳定的种群;幼年鼠的比例较小,中年和老年鼠的比例相对较大,表明出生率小于死亡率,是一个数量正在下降的种群。所以,要注意研究种群中幼年鼠、中年鼠和老年鼠各占多大比例。

（3）种群寿命和繁殖年代的长短。绝大多数害鼠早亡，很少活到老死的年龄，育龄未能充分利用，对种群出生率影响很大，所以，要注意研究种群的寿命和育龄利用情况。

（4）雌鼠年龄和繁殖数量的相关性。雌鼠年龄和繁殖数量呈两头小中间大的规律。这是因为幼年鼠的繁殖潜力尚未充分发挥出来，老年鼠的繁殖能力逐渐衰退，而壮年鼠的繁殖力旺盛，是种群增加的主力。所以，要注意研究不同年龄雌鼠的怀孕率和每窝产仔数，找出各种雌鼠年龄和繁殖数量的相关性。

（5）鼠类各生育阶段的自然死亡率。鼠类的死亡率很高，新旧个体的交替很快。老年鼠的死亡对种群数量影响不大，而中年鼠和幼年鼠的死亡会直接影响种群数量的增加。为此，要注意研究鼠类在各生育阶段的自然死亡率及其对种群数量的影响。

三、鼠情变化的条件

鼠类在大自然和人类共存，又与许多动植物组成"食物链"。类、食源、天敌等，对鼠类的发生都有很大的影响。

（一）气象的变化

鼠类生活在大气的底层，气象条件与鼠类息息相关，以温度对鼠类的影响最为明显。因鼠类是温血动物，机体所有的生命过程，只有在稳定的体温下才能正常进行。由于其体形小，散热表面积相对加大，所以，很多时间处于过冷状态的威胁下。为了适应这一情况，它们的汗腺和散热机能不发达,需要更多的靠化学调节方式来保持体温。在体内积累脂肪和其他营养,供环境温度偏低时产生热量,并在冬眠期减弱生命活动,减少热量消耗。不冬眠的鼠种,有的进居民点过冬,有的靠贮藏粮食维持生命。因热量不足,有部分鼠因过冷而死亡。当环境温度偏高时,机体内部器官的工作和体细胞的生命活动,仍不断增加新的热量。为适应这一情况,高温季节,鼠类活动减少,或者夏蛰,由于多余的热量无法排出,有的因过热而死亡。春季升温早,对提高鼠类繁殖率和成活率有利,而寒流又会降低其繁殖率和成活率,造成部分死亡。

各种鼠对光照的长短、强弱都有一个最适宜的范围。日照对鼠类的分布、栖息和生活方式都有一定影响。光对鼠类(包括常年营地下生活的鼠类)是一个重要的刺激信号,作用于神经系统,调节内分泌,拨动"生物钟",对出蛰、繁殖、入蛰产生稳定的影响。光照还会使植物繁茂,供给鼠类丰富的食源。

一切生命活动都离不开水,鼠类通过取食和皮肤吸收获得水分,又通过排泄和呼吸排出水分。所以,在干旱地区,鼠类常为取得水分而疯狂咬断青苗。在大旱之年,黄鼠等为避免不良环境,夏蛰和冬眠常连接起来。雨水充沛,会使鼠类的食源丰富;雨水过多,则会灌死鼠类,所以,对鼠类进行预测预报,必须以气象预报为研究的基本资料之一。

(二)食源的丰歉

食物能决定鼠类的栖息地、生活环境和习性。在食物充足、营养丰富的条件下,某些鼠能够刚产仔又交配,怀一窝奶一窝,繁殖率显著提高。若怀孕营养不足,还会引起部分胚胎死亡。所以,进行鼠情测报时,必须认真调查研究食源丰歉情况。

(三)栖息环境

各种鼠都有栖息的最适环境,即适于它们居住、采食、蛰眠的地方。如草原黄鼠喜在植被低矮(25～30厘米)、不太郁闭(覆盖度25％～30％)的地方栖息。当草原被开垦变成农田后,喜在背风向阳和土质坚硬的坟滩、地埂、道旁栖息。家鼠喜在家具下面的墙基、屋角活动,到田间后,常找玉米、高粱、葵花等高秆作物田藏身和寻食。

研究和破坏鼠类的栖息环境,对其产生永久性不良影响,促使鼠类数量逐渐下降,甚至灭绝。这是鼠情预测预报和防治的重要内容之一。

(四)天敌的控制

鼠类的天敌很多,它们对控制鼠类发展,保持生态平衡起重要作用,是鼠情预测预报的重要参考资料。

(五)疾病的传染

鼠间经常有各种疾病流行,由媒介昆虫(主要是体外寄生虫跳蚤等)传染细菌和病毒性疾病,死亡率极高。

(六)人类活动的影响

人们不搞防鼠建筑和乱放食物,常常为家鼠提供良好的栖息环境和丰富的食源。加之破坏树木,滥用剧毒药,大量捕杀益鸟益兽,都会使鼠类失去天敌的控制,猖獗为害。所以,某些地方鼠害严重的原因之一,就是人类破坏了生态平衡,受到了大自然的惩罚,这也是鼠情预测预报必须考虑的内容之一。

四、害鼠种群数量预测

鼠害程度取决于鼠种及其种群数量。害鼠数量预测需要充分掌握其发生规律和制约数量消长的各种主要调节因子。目前,建立的种群动态模型虽能较好地描述过去的动态,应用于预测未来仍必须十分谨慎;尤其仅凭一二年观察资料推导获得的回归方程,即使回验吻合度很好,预测功能也是不强的。这是由于各年份决定数量消长的主导因子会有较大变化,只有通过长期积累才能较全面地掌握。

第六章 农药的使用技术

第一节 农药的种类与选择

一、农药的种类

农药是防治植物病虫害的化学药剂,根据不同的防治对象,可以将农药分为杀虫剂、杀螨剂、杀菌剂、杀线虫剂、除草剂、杀鼠剂。下面简要介绍目前农业生产上使用的农药品种。

（一）杀虫剂

1. 有机磷杀虫剂

其特点是药效高、杀虫谱广,具有多种杀虫方式,如胃毒、触杀及内吸作用等。速效性好,一般几小时后就开始见效,残效期较短,对环境污染小,在生物体内易降解为无毒物质。缺点是有些品种毒性较大,易造成人、畜中毒,遇碱容易分解失效。

敌百虫。低毒低残留广谱性杀虫剂,有强烈的胃毒作用,兼有触杀作用。常见剂型为90%晶体,可防治咀嚼式口器害虫及卫生害虫。注意敌百虫对高粱、玉米、瓜类、豆类易产生药害,不宜使用。

敌敌畏(DDVP)。高毒低残留广谱性杀虫、杀螨剂,有胃毒、触杀、熏蒸作用。常见为 50%、80%乳油,遇碱易分解。对高粱、玉米、瓜类、豆类易产生药害。

氧化乐果。高毒低残留广谱性杀虫、杀螨剂,有胃毒、触杀、内吸作用。常见为 40%乳油,对刺吸式口器昆虫(蚜虫、螨、叶蝉、蓟马等)防治效果好。氧化乐果对蜜蜂、鱼高毒,对牛羊的毒性大。

乙酰甲胺磷。低毒低残留广谱性杀虫、杀螨剂,有胃毒、触杀、内吸作用。常见为 30%、40%乳油。

辛硫磷。低毒低残留广谱性杀虫剂。有胃毒、触杀作用,对鳞翅目幼虫防治效果好。辛硫磷易光解为无毒化合物,一般常用于蔬菜、茶叶、仓库、土壤中防治害虫。

2. 基甲酸酯类杀虫剂

此类杀虫剂的杀虫范围不如有机磷和拟除虫菊酯广,但对蝉、飞虱、部分鳞翅目的幼虫和一些对有机磷农药产生抗性的害虫有高效。对螨类、蚧类的毒力很低。多数品种有胃毒和触杀作用,有的还有内吸传导作用。残效期较长。

克百威(呋喃丹)。剧毒、广谱性杀虫、杀线虫剂,有触杀、胃毒、内吸作用。对人、畜、鱼类均为剧毒。一般为 3%颗粒剂在土壤使用,可防治地下害虫及线虫。目前,已禁止生产与使用。

抗蚜威。又称辟蚜雾,是对蚜虫有特效的选择性杀虫剂,以触杀、内吸杀虫为主,中等毒性,对蚜虫的天敌(如瓢虫、草蛉)安全,常见为 50%可湿性粉剂、50%可分散性粒剂,适合在养蜂区使用。

杀虫双。中等毒广谱性杀虫剂,有触杀、胃毒、内吸作用,可防治大部分害虫,尤其适合防治螟虫。常见为 20% 水剂、3% 颗粒剂。目前,已禁用或限制使用。

3. 拟除虫菊酯类杀虫剂

20 世纪 70 年代以来仿照天然除虫菊素化学结构,由人工合成的一类杀虫剂。高效、低毒,有强烈的触杀和胃毒作用,无内吸作用。对害虫击倒速度快,杀虫谱广,尤其是对多种鳞翅目害虫表现特效。遇碱易分解,对蜜蜂、鱼类、家蚕毒性较高。

氰戊菊酯(速灭杀丁、杀灭菊酯),一般为 20% 乳油。

溴氰菊酯(敌杀死),一般为 2.5% 乳油。

三氟氯氰菊酯(功夫),一般为 2.5% 乳油。

S-氰戊菊酯(来福灵、顺式氰戊菊酯),一般为 5% 乳油。

这 4 种菊酯杀螨效果均不太理想,另外,甲氰菊酯(灭扫利)、联苯菊酯(天王星)有杀螨作用。胺菊酯常用于蚊香,右旋丙烯菊酯常用于电热灭蚊药片。

4. 熏蒸杀虫剂

磷化铝。剧毒,与水反应后放出剧毒的磷化氢气体,常见为 3 克重的片剂。一般每立方米使用 3~5 片。

溴甲烷。剧毒,多用于植物检疫上。

5. 特异性杀虫剂

噻嗪酮又称优乐得、扑虱灵,以触杀作用为主,兼具胃毒作用。可用于水稻、蔬菜、茶、果树等作物,防治同翅目的飞虱、叶蝉、粉虱及介壳虫类害虫,有良好的防治效果。常见为

25％可湿性粉剂。

灭幼脲一号。是昆虫表皮几丁质合成抑制剂,阻碍新表皮形成,所以昆虫幼虫皆死于蜕皮障碍,对鳞翅目幼虫有特效(但对棉铃虫无效)。对人、畜毒性低,对天敌昆虫、蜜蜂安全。但对蚕有剧毒,蚕区应慎用。现有剂型为25％可湿性粉剂、20％浓悬浮剂。

氟啶脲(定虫隆、抑太保)。与除虫脲基本相同,但可防治棉铃虫、棉红铃虫,施药适期应在低龄幼虫期。现有剂型为5％乳油。

6. 阿维菌素类杀虫剂

阿维菌素具有胃毒和触杀作用,能渗入植物薄壁组织内,并有传导作用,持效期长达10～15天,对螨类可达1个月,不易产生抗药性,防治对其他农药产生抗药性的害虫,仍有高效。对人、畜、作物安全。对天敌影响小,不污染环境。是一种高效、广谱的抗生素类无公害生物农药。

制剂主要有阿维菌素1.8％乳油、阿维菌素(爱福丁)1.8％乳油、灭虫灵1％乳油、虫螨克1.8％乳油,可用于防治为害大田作物、棉花、蔬菜、茶、果树、花卉等的多种害虫,尤其是鳞翅目、双翅目、同翅目、鞘翅目及螨类等。

(二)杀螨剂

(1)炔螨特(克螨特)。是应用较早且目前仍经常使用的理想杀螨剂,对成螨、若螨均有良好效果,但对螨卵无效。常见为73％乳油。

(2)双甲脒(螨克)。中等毒性,有触杀、拒食、驱避作用,也有一定的胃毒、熏蒸和内吸作用。杀螨谱广,对叶螨各发育阶段都有效,但对越冬的卵效果差。在气温低于 25℃时使用,药效发挥较慢,效果差,高温、晴天使用效果高。常见为 20%乳油。

(3)噻螨酮(尼索朗)。低毒,触杀作用强,对多种叶螨的幼螨、若螨和卵有很好的效果,对成螨效果差,主要用于越冬期防治。常见为 5%乳油。

(4)哒螨酮。又称灭螨灵、哒螨净、牵牛星、速螨酮,是一种新型速效、广谱杀螨剂,具有触杀作用,无内吸传导作用。中等毒性。对叶螨有特效,对锈螨、瘿螨和跗线螨也有良好防效,对螨的各个发育阶段都有效。速效性好,持效期长,对天敌和作物表现安全。常见为 20%可湿性粉剂、15%乳油。

(三)杀菌剂

1. 无机杀菌剂

(1)波尔多液。是一种广谱无机保护性杀菌剂,是由硫酸铜和石灰水混合而成的一种天蓝色胶状悬浮液。其有效成分是碱式硫酸铜,残效期长,一般可达 15 天左右。本品对人、畜低毒,但对蚕的毒性大。波尔多液必须现配现用,配制时最好将稀硫酸铜液倒入浓石灰水中。根据不同作物而选择不同配比量。如白菜对硫酸铜敏感,配制时应加大生石灰量和水量;瓜类对石灰敏感,配制时应适当减少石灰的用量,尤其是苗期不宜使用波尔多液,以免发生药害。注意配制时不要使用铁桶。

(2)石硫合剂。是石灰、硫黄加水煮制而成。配制成的母液呈透明琉璃色,有较浓的臭鸡蛋味,呈碱性。其有效成分是多硫化钙。配合最佳比例为生石灰 1 份、硫黄 1.5 份、水

13份。石硫合剂有杀虫、杀螨、杀菌作用,在北方冬季用3～5波美度,而南方用1波美度。在生长期一般用0.2～0.5波美度的稀释液。

2. 有机杀菌剂

(1)代森锌。低毒广谱保护性杀菌剂。纯品为白色粉末,工业品为淡黄色粉末,带有臭鸡蛋味,常见为80%可湿性粉剂,一般用500～800倍液喷雾。

(2)百菌清。低毒广谱性杀菌剂,具有保护作用。对皮肤和黏膜有刺激性,常见为75%可湿性粉剂、10%烟雾片药剂。

(3)植病灵。主要成分为三十烷醇＋硫酸铜＋十二烷基硫酸钠,含有生长调节剂、脱病毒物质、杀菌剂和助剂。它通过调节作物的生理功能,达到防治病毒病的目的。常见为1.5%乳剂。使用本品以预防为主,在发病前期或初期喷雾。

(4)三乙膦酸铝。又称疫霜灵、乙膦铝,是优良的内吸性药剂,残效期较长,兼治疗和保护作用。对人畜微毒,对蜜蜂和鱼类均属低毒。对植物安全。遇碱易分解。常见为40%、80%可湿性粉剂。一般用500～800倍液喷雾,对疫病、霜霉病有良好防治效果。

(5)多菌灵。是一种高效、低毒、广谱性内吸杀菌剂,对很多病害有良好的防治效果,但对细菌性病害和疫病、霜霉病无效,常见为50%可湿性粉剂、40%胶悬剂,一般用500·1 000倍液喷雾。

(6)甲基硫菌灵(甲基托布津)。其特点和多菌灵基本一样。

(7)敌磺钠(敌克松)。广谱性杀菌剂,对人、畜毒性较高,对各类作物幼苗期根病有较好防效。常见为70%可湿性粉剂,多用于拌种。

(8)三唑酮(粉锈宁)。是低毒高效杀菌剂。内吸性很强,有保护、治疗和铲除作用,对各类作物的白粉病、锈病、黑穗病防治效果显著,常见为20%乳油、25%可湿性粉剂,可喷雾或拌种。

(9)甲霜灵。又称瑞毒霉、甲霜安、雷多米尔,是低毒内吸传导型杀菌剂。具保护和治疗作用,对鞭毛菌亚门真菌防治有特效。常见为25%可湿性粉剂、35%拌种剂,喷雾用25%可湿性粉剂500~800倍液。

(10)腐霉利。又称速克灵,是低毒内吸性杀菌剂。具有预防和治疗作用。遇碱易分解。可用50%可湿性粉剂1 000~2 000倍液喷雾,防治菌核病、灰霉病、褐腐病。

(11)噻菌灵(特克多)。是低毒广谱的内吸杀菌剂,兼有预防和治疗作用。主要用于防治多种作物病害和收获后果蔬贮藏期病害,常见为45%浓悬浮剂。

(12)稻瘟灵(富士一号)。是低毒内吸性杀菌剂,主要用于稻瘟病的防治。常见为41%乳油,600~800倍液喷雾。

3. 农用抗生素类杀菌剂

(1)井冈霉素。是内吸性杀菌剂,毒性非常低,防治纹枯病的特效药。常见为1%水剂,一般在田间使用40~50毫克/升即可。

（2）农用链霉素。低毒，有内吸治疗作用，防治各种细菌性病害，如白菜软腐病、霜霉病、细菌性角斑病、斑点病、溃疡病等效果好。

（3）乙蒜素（抗菌剂 402）。是一种低毒、广谱、高效、低残留农用抗菌剂，对植物生长有刺激作用。常见为 80％乳油，主要用作种子处理剂。注意不可与碱性药剂混用。

（四）杀线虫剂

（1）棉隆（垄鑫）。低毒广谱性杀线虫剂，能兼治土壤中病原真菌、地下害虫及杂草，遇酸易分解。常见为 80％可湿性粉剂，一般做土壤处理，注意施用时严禁药剂接触植物，以免发生药害。

（2）威百亩。又称维巴姆，是一种土壤消毒剂，可防治线虫，同时也具有杀真菌、杂草、害虫的效果，具有熏蒸作用。常见为 30％、33％液剂，用于播种前土壤处理。注意本品遇酸和金属盐易分解，必须待药剂全部分解后才能播种、移栽。

（五）除草剂

（1）草甘膦。商品名农达、农得乐、镇草宁等，低毒内吸型广谱灭生性除草剂，主要通过杂草茎叶吸收而传导整个植株，对多年生深根杂草破坏能力很强。在土中迅速分解，无残留作用。常见为 10％水剂、41％铵盐剂，用于收获后播前或播种后出苗前喷雾处理杂草茎叶。一般每亩用 10％水剂1 000毫升对水喷雾。

（2）百草枯。商品名克芜踪、对草快、百朵，是高毒触杀型广谱灭生性除草剂。和草甘膦一样在土中迅速分解，无残留作用。常见为 20％水剂,适用于防治果园、桑园、茶园以及林带等植物的杂草。一般每亩用 200～300 毫升对水喷雾。

(3)苄嘧磺隆。商品名农得时,低毒内吸型选择性除草剂,主要用于稻田除草。常见为 10％可湿性粉剂,在水稻移栽前后 15 天内使用,一般每亩用 20 克对水喷雾,可有效防治稻田里的鸭拓草、牛毛毡、眼子菜、节节菜等。注意施药后必须保持稻田水深至少 3 厘米。

(4)精噁唑禾草灵。商品名骠马,低毒内吸型选择性除草剂,主要用于麦田除草。常见为 10％乳油。一般每亩用药 30～40 毫升对水喷雾,可有效防治麦田里的野燕麦、看麦娘、狗尾草、稗草、黑麦草、燕麦、早熟禾、金狗尾草、马唐等。

(5)苯磺隆。商品名巨星,麦田除草剂。常见为 75％干悬浮剂,一般每亩用药 1～2 克对水喷雾,可有效防治麦田里的繁缕、麦家公、猪殃殃、野芥菜、碎米荠、田芥菜、地肤、田蓟、苍耳、节蓼、萹蓄、遏蓝菜、藜、小藜、鸭跖草、铁苋菜、鬼针草、龙葵、问荆、苣荬菜、刺儿菜等。

(6)精氟吡甲禾灵。商品名高效盖草能,低毒内吸型选择性除草剂,主要用于油菜、花生、大豆、棉花、蔬菜等双子叶作物田防除单子叶杂草,常见为 10.8％乳油,一般在作物 3～5 片叶期进行喷雾防治。

(7)乙氧氟草醚。商品名果尔,低毒触杀型选择性除草剂。其主要用于防治果园、林地多种阔叶杂草,一般以土壤处理法控制芽前杂草,也可在杂草苗期以茎叶喷雾法杀除出苗杂草,在杀除出苗杂草的同时,落入土壤的药液又可以控制尚未萌发的杂草。对禾本科杂草防除效果差。

(8)二甲戊乐灵。商品名菜草通,新型安全高效广谱选择性菜田、旱田除草剂,常用剂型为33%乳油。菜草通主要适用于大蒜、生姜、马铃薯、韭菜、芹菜、茄子、辣椒、甘蓝、番茄、花生、大豆、棉花。玉米、烟草等作物大田除草,一般做土表喷雾施用。

（六）杀鼠剂

(1)溴敌隆。商品名乐万通、溴联苯鼠隆、大隆,第二代抗凝血杀鼠剂。具有适口性好、毒力强、杀灭范围广的特点。用量小,鼠不拒食,老鼠吃后导致中毒,出血不止而死亡,死亡高峰一般出现在投毒后4～6天。常见为0.5%溴敌隆母液,采用浸泡法配制,1份母液混配100份饵料。溴敌隆对人、畜毒性低,该药剂二次中毒危险性小,万一误食应即送医院急救,维生素K1为其特效解毒剂。

(2)敌鼠钠盐。是第一代抗凝血杀鼠剂,具有适口性好、作用缓慢、杀灭范围广的特点。和溴敌隆一样,老鼠吃后导致中毒,出血不止而死亡,一般鼠类服用敌鼠钠盐后3～4天内安静死亡,由于药物作用缓慢,即使鼠类中毒后,也仍会取食毒饵。常见为80%钠盐,配成0.05%的毒饵。注意敌鼠钠盐对猪、牛、羊、鸡毒性低,但对猫、狗毒性高。

(3)氟鼠灵。商品名杀它仗,属于第二代抗血凝剂,对各种鼠类,包括对第一代抗血凝剂有抗性的鼠都有很强的灭杀效果。毒力强,猪、鸡等家畜、家禽的耐药性较好。纯品为白灰色结晶粉末,难溶于水,毒饵使用浓度为0.005%,适于防治各类害鼠。

注意:氟乙醚胺、毒鼠强等杀鼠剂,由于剧毒而且对人、畜非常危险,我国早已禁止使用。

二、农药的选择

(一)要明确农药品种的性能特点

农药是一种农业毒剂,对不同的生物体有其选择性,如杀虫剂按其作用方式可分为触杀剂、胃毒剂、内吸剂和熏蒸剂;杀螨剂分为只杀成、若螨的,以及只杀卵和若螨的;杀菌剂分为保护剂、内吸治疗剂和保护治疗混合剂;除草剂分为茎叶处理剂和土壤处理剂。

(二)仔细阅读说明书和瓶签上的使用说明

按照有关规定我国的农药外包装上必须标明以下事项。

(1)农药的通用名称:市场销售的农药有通用名和商品名两种表示方法,商品名就像人的"乳名",不能单独使用,尤其一旦有人误服,医生不易对症救治。必须附有药剂的通用名,并且通用名不能只使用英文。

(2)有效成分含量:按百分含量标记,同一药名,含量不同,用量也不同。

(3)防治对象、用量和使用方法:药剂的防治对象按登记的范围表明,用量和使用方法应具体。

(4)安全间隔期:即最后一次施药到收获的天数。如在蔬菜上使用,只有达到规定的天数,产品中的农药才能被分解掉。

(5)注意事项:主要针对该药剂的特点,提醒人们在贮藏、运输和使用中应注意的问题。

（三）选择适宜的剂型

不同剂型的农药具有不同的理化性能,有的药效释放慢但药效较持久,有的速效但药效期较短,有的颗粒大,有的颗粒小,用药时应根据防治病虫类型、施药方法的不同选择相适宜的剂型。例如,防治钻蛀性害虫和地下害虫,以及防除宿根性杂草,应选择药效释放缓慢、药效期长、具有内吸性的颗粒剂型农药,喷粉不宜选择可湿性粉剂农药,喷雾不宜选择粉剂农药。

第二节　农药的使用技术

一、使用农药的基础知识

（一）自觉抵制禁用农药

掌握国家明令禁止使用的甲胺磷、甲基对硫磷、对硫磷、久效磷、磷胺等 23 种农药以及甲拌磷、甲基异柳磷、特丁硫磷、甲基硫环磷、治螟磷、内吸磷、克百威、涕灭威、灭线磷、环磷、蝇毒磷、地虫硫磷、氯唑磷、苯线磷等 14 种在蔬菜、果树、茶叶、中草药材上限制使用种农药。在生产中要严格遵守相关规定,限制选用,并积极宣传。

（二）选用对路农药

市场上供应的农药品种较多,各种农药都有自己的特性及各自的防治对象,必须根据药剂的性能特点和防治对象的发生规律,选择安全、有效、经济的农药,做到有的放矢,药到"病虫"除。

（三）科学使用农药

农作物病虫防治,要坚持"预防为主,综合防治"的方针,在搞好农业、生物、物理防治的基础上,实施化学药剂防治。开展化学防治把握好用药时期,绝大多数病虫害在发病初期,为害轻,防治效果好,大面积暴发后,即使多次用药,损失也很难挽回。因此,要坚持预防和综防,尽可能减少农药的使用次数和用量,以减轻对环境及产品质量安全的影响。

（四）采用正确的施药方法

施药方法很多,各种施药方法都有利弊,应根据病虫的发生规律、为害特点、发生环境等情况确定适宜的施药方法。例如,防治地下害虫,可用拌种、毒饵、毒土、土壤处理等方法;防治种子带菌的病害,可用药剂拌种或温汤浸种等方法。由于病虫为害的特点不同,施药的重点部位也不同,如防治蔬菜蚜虫,喷药重点部位在菜苗生长点和叶背;防治黄瓜霜霉病着重喷叶背;防治瓜类炭疽病,叶正面是喷药重点。

（五）掌握合理的用药量和用药次数

用药量应根据药剂的性能、不同的作物、不同的生育期、不同的施药方法确定。例如,作物苗期用药量比生长中后期少。施药次数要根据病虫害发生时期的长短、药剂的持效期及上次施药后的防治效果来确定。

（六）注重轮换用药

对一种防治对象长期反复使用一种农药,很容易使这种防治对象对这种农药产生抗性,久而久之,施用这种农药就无法控制这种防治对象的为害。因此,要注重轮换、交替施用对防治对象作用不同的农药。

（七）严格遵守安全间隔期规定

农药安全间隔期是指最后一次施药到作物采收时的天数，即收获前禁止使用农药的天数。在实际生产中，最后一次喷药到作物收获的时间应比标签上规定的安全间隔期长。为保证农产品残留不超标，在安全间隔期内不能采收。

二、使用农药的具体方法

（一）喷雾法

利用喷雾机具将液态农药或加水稀释后的农药液体，以雾状形式喷洒到作物体表或其他处理对象上的施药方法。它是乳油、可湿性粉剂、悬浮剂、水剂、油剂等剂型的主要使用方法。

（二）喷粉法

利用喷粉机具所产生的气流将农药粉剂吹散后，使其均匀沉降于作物或其他生物体表上的施药方法。它是农药粉剂的主要施用方法。

（三）拌种法

将农药与种子混拌均匀，使农药均匀黏着于种子表面，形成一层药膜的施药方法。是种苗处理的主要施药方法之一。

（四）浸种法

将种子浸泡于一定浓度的药液中，经过一定时间、取出阴干后播种的处理方法。

（五）毒土法

将药剂与细湿土均匀地混合在一起，制成含有农药的毒土，以沟施、穴施或撒施的方法使用。

（六）毒饵法

将药剂与饵料混拌均匀，投放于防治对象经常活动及取食的地方，达到防治目的。主要用于防治地下害虫。

（七）熏蒸法

指利用熏蒸性药剂所产生的有毒气体，在相对密闭的室内条件下防治病虫害的施药方法。

（八）甩施法

又称洒滴法，是指利用药剂盛装器皿直接将药剂滴洒于水面，依靠药剂的自身扩散作用在水面分散展开，达到防治有害生物目的的施药方法。

（九）泼浇法

用大量水将药剂稀释至一定浓度，并均匀泼浇于作物上的一种施药方法。

（十）涂抹法

将具有内吸性或触杀性的药剂用少量水或黏着剂配成高浓度药液，涂抹在植物（树干）、墙壁上防治有害生物的施药方法。

（十一）其他施药方法

包括包扎法、注射法、条带施药法、大粒剂抛施法、熏烟法、撒粒法等。

第三节　农药使用的安全防护

一、对施药人员的防护

(1)施药人员要经过健康体检,应选择身体健康的青壮年,并应经过一定的技术培训。

(2)凡体弱多病者,患皮肤病和农药中毒及其他疾病尚未恢复健康者,哺乳期、孕期、经期的妇女,皮肤损伤未愈者,不得进行喷撒作业。

(3)喷药或暂停喷药时,不准带小孩到作业地点。施药人员在喷药前或喷药期间不得饮酒。

(4)施药人员打药时必须戴防毒口罩,穿长袖上衣、长裤和鞋、袜。在操作时禁止喝水、吃东西,不能用手擦嘴、脸、眼睛,绝对不准互相喷射嬉闹。每日工作后喝水、抽烟、吃东西之前要用肥皂彻底清洗手、脸和漱口。有条件的应洗澡。被农药污染的工作服要及时换洗。

(5)施药人员每天喷药时间一般不得超过6小时。使用背负式机动药械,要两人轮换操作。连续施药3~5天后应停休1天。

(6)操作人员如有头痛、头昏、恶心、呕吐等症状时,应立即离开施药现场,脱去被污染的衣服,漱口,擦洗手、脸和皮肤等暴露部位,及时送医院治疗。

二、对周边环境的防护

(1)配药、拌种时要远离饮用水源。

（2）喷药前要对药械开关、接头、喷头等进行检查，排除故障，也不能用嘴吹、吸喷头、过滤网等。

（3）药桶不能装得太满，以免溢出污染土壤。

（4）喷药应从上风头开始，大风、高温、露水未干和降雨时不能喷。

（5）在温棚、大棚中进行喷施粉尘剂或点燃烟熏剂要从离出入口远处开始。

（6）喷药人员之间不得相互喷射嬉戏。

（7）施药结束后对药械要进行清洗，污水不得乱泼、乱倒，应远离饮水源和鱼池。

（8）农药包装袋、瓶，不得再装其他物品，不能乱丢，可以打碎深埋或焚烧。

（9）药械、浸种用具集中保管，一切防护用品经常洗换。

三、科学安全用药

（一）科学用药

（1）对症施药。农药的品种很多，特点不同；农作物的病、虫、草、鼠的种类也很多，各地差异也甚大，为害习性也有变化，因此，使用农药之前必须认识防治对象和选择适当的农药品种，参考各地植物保护部门所编写的书籍、手册，防止误用农药，达到对症施药的理想效果。

（2）适时施药。施药时期应根据有害生物的发育期及作物生长进度和农药品种而定。各地病虫测报站、鼠情监测点，要做常年监测，发出预报，并对主要病、虫、鼠害制定出防治指标。例如，发生量达到防治指标，则应施药防治。施药时,还应考虑气候、天敌情况,除草剂施用时既要看草情还要看"苗"情。

(3)适当施药。各类农药使用时,均需按照商品介绍说明书推荐用量使用,严格掌握施药量,不能任意增减,否则必将造成作物药害或影响防治效果。操作时,不仅药量、水量、饵料量称准,还应将施用面积量准,才能真正做到准确适量施药,取得好的防治效果。

施药量常见有以下4种方法表示。

①用施用制剂数量表示,如每667平方米(1亩≈667平方米,全书同)用10%联苯菊酯(天王星)乳油2～2.5克防治棉铃虫,掌握每亩用药量即可。也可用每公顷(即10 000平方米,也即15亩)用药量来表示。

②用有效成分数量表示,如25%腈菌唑乳油每亩用有效成分2～4克防治小麦白粉病。

③用对水倍数表示,如5%菌毒清水剂100～200倍液涂抹果树腐烂病斑防治腐烂病。

④用百万分之几有效成分浓度表示,如2.5%高效氯氟氰菊酯(功夫)乳油用5～6.3毫克/升防治果树桃小食心虫。例如,百万分之一百,也就是100万份稀释液中有100份高效氯氟氰菊酯(功夫)乳油。5～6.3毫克/升即是100万份稀释液中有5～6.3份高效氯氟氰菊酯(功夫)乳油。

(4)交替轮换使用农药。单一长期使用某一种农药,容易导致病虫害抗药性增加,可交替轮换使用农药,延缓病虫害的抗药性。

(5)科学混配农药。农药混合后,药效可能增加或降低,不可无科学根据乱配。

（二）安全用药

使用之前买农药时必须注意农药的包装，防止破漏。注意农药的品名、有效成分含量、出厂日期、使用说明等。尤其要注意识别假冒伪劣农药，凡是包装印刷质量不良，标签、说明等内容含糊不全，都要引起重视，注意核对甄别，防止买到假冒伪劣农药。

农药要保管在阴凉并且小孩拿不到的地方，不要与粮食、蔬菜、瓜果、食品、日用品等混载、混放，标签掉了要注明。

使用过程不要在夏天中午用药，以防中暑、中毒。施药人员打药时必须戴防毒口罩，穿长衣、长裤和鞋、袜。在操作时禁止吸烟、喝水、吃东西，不能用手擦嘴、脸、眼睛，绝对不准互相喷射打闹。作业时要注意风向，喷雾时应该由下风处向上风处移动，喷雾方向对准下风处。使用后施药人员要用肥皂洗手，有条件的应洗澡，尽量清洗掉身上残留的药液（粉）。被农药污染的工作服要及时换洗。及时清洗喷雾器具。

四、农药中毒的处理

（一）农药的毒性

农药一般都是有毒的。其毒性大小通常用对试验动物的致死中量、致死中浓度表示。我国农药毒性分级标准为四级，即剧毒、高毒、中等毒和低毒。在农药生产、包装、运输、销售、施用过程中，直接接触者通过呼吸道、皮肤和消化道等途径最易受到为害，特别是一些挥发性强、易经皮肤吸收的剧毒或高毒品种可导致急性中毒,造成接触者严重损伤而死。农药还能通过在食品中的残留对整个人群产生影响,所以使用农药要注意安全。

（二）农药中毒

由于农药的作用使高等动物的生理机能受到明显抑制或破坏,乃至发生生命危险,这就是农药中毒。根据中毒时间长短分为急性中毒、亚急性中毒、慢性中毒。

急性中毒是指人体一次口服、吸入或皮肤接触摄入较大剂量的农药后,在 24 小时内出现的中毒症状。潜伏期较短。

亚急性中毒是指人体摄入较低农药剂量,在 24～48 小时内出现的中毒症状。中毒潜伏期较长。

慢性中毒是指人体长期、连续低剂量摄入农药,农药在人体内积累而产生的中毒症状。这种中毒症状出现缓慢,病程较长,一般3～6 个月,甚至更长时间,诊断困难,一经出现症状,已难于挽救。

（三）农药引起中毒的途径和原因

1. 途径

农药进入人体主要有 3 条途径,即经皮肤、呼吸道和消化道进入体内。

（1）经皮肤进入。喷药人员或其他直接接触农药的职业人员,皮肤受农药污染是引起急性中毒的主要原因。

（2）经呼吸道吸入。在施药过程中,农药的细小雾粒或粉尘均可通过呼吸道进入人体。超低容量喷雾,药液浓度高、雾料细、比常规喷雾吸入量多。在常温下容易挥发成气体的农药,尤其是某些气体状态下高毒的农药,吸入后危险性更大,在贮存和使用过程必须十分注意安全。

(3)经消化道进入。食品中残留农药随食物进入消化道是普遍存在的。如果农药过量残留就会引起中毒。这种中毒事故大都发生于群体。可表现为急性中毒,也可引起慢性中毒。

2. 原因

农药中毒的途径主要是人身体皮肤吸收、呼吸系统吸入和口服等进入人体内,造成中毒事故,原因多种多样,主要可归纳为两大类。即生产性中毒和非生产性中毒。

(1)生产性中毒。是指农药在生产、运输、销售、保管及使用管理过程中造成的中毒。属于这方面的原因有:第一,由于生产设备损坏或意外事故造成中毒,如生产设备有跑、冒、滴、漏现象,而且缺乏通风设备和其他安全措施。第二,在农药使用过程中,由于配药、取药而使药液溅入眼睛或沾染皮肤,没有及时清洗;迎风喷药,吸入药雾;由于药械损坏,发生漏药而沾染皮肤或眼睛;多台机械施药,相互污染;施药过程中,违反操作规程,不穿长衣长裤,不戴手套和口罩;施药时间过长,施药人员体弱多病或对农药过敏;施药过程中,不洗手即进食、吸烟等;在施用过高毒农药的田间劳动时间过长等,都会造成中毒。第三,在农药经营过程当中,由于农药包装物破损,药液泄漏或粉尘飞扬,装卸中沾染皮肤,造成中毒。

(2)非生产性中毒。是指在生活中无意接触农药而发生的中毒。属于这方面的原因有:第一,滥用农药医治人、畜疾病。用农药包装盛装食品、粮食和水。第二,乱放。将农药与粮、油、食品及饮料混运混放。第三,误食。食用被农药毒死的畜、禽、水产品及受污染的水。食用刚施过药的瓜果、蔬菜或拌过药的种子;长期食用高残留农药的粮食和蔬菜;误将农药当做食品或其他用品食用。第四,乱洗、乱扔。用完的农药瓶、桶、箱、袋等随意乱扔,在食用水源处清洗药械,污染水源等。第五,投毒、自杀。由于坏人在饮用水源、粮食及饮料中投放农药;因其他社会原因或个人思想原因吞服农药。第六,意外事故。由于运输农药出现车祸、翻船及农药仓库失火等因素,都可以造成农药中毒。

(四)农药中毒后的不良反应

由于不同农药中毒作用机制不同,所以有不同的中毒症状表现,一般表现为恶心呕吐、呼吸障碍、心搏骤停、休克、昏迷、痉挛、激动、烦躁不安、疼痛、肺水肿、脑水肿等。为了尽量减轻症状和死亡,必须及早、尽快、及时地采取急救措施。

(五)农药中毒的治疗原则

(1)尽快脱离中毒现场,中止毒物的继续吸收。

(2)解毒治疗。给予解毒剂,拮抗、解除或加速排出已进入机体内的毒物。

(3)对症治疗。控制病情发展,减轻或解除各种症状,其目的是促进受损害的器官恢复正常功能。

(4)支持治疗。保护或增强中毒者的抵抗力,提高自身抗毒能力,促进早日恢复健康。

第四节　生物农药及其应用

一、生物农药概述

生物农药是指利用生物活体或其代谢产物对害虫、病菌、杂草、线虫、鼠类等有害生物进行防治的一类农药制剂，或者是通过仿生合成具有特异作用的农药制剂。

关于生物农药的范畴，目前，国内外尚无十分准确统一的界定。按照联合国粮农组织的标准，生物农药一般是天然化合物或遗传基因修饰剂，主要包括生物化学农药（信息素、激素、植物调节剂、昆虫生长调节剂）和微生物农药（真菌、细菌、昆虫病毒、原生动物，或经遗传改造的微生物）两个部分，农用抗生素制剂不包括在内。

我国生物农药按照其成分和来源可分为微生物活体农药、微生物代谢产物农药、植物源农药、动物源农药四个部分。按照防治对象可分为杀虫剂、杀菌剂、除草剂、杀螨剂、杀鼠剂、植物生长调节剂等。就其利用对象而言，生物农药一般分为直接利用生物活体和利用源于生物的生理活性物质两大类，前者包括细菌、真菌、线虫、病毒及拮抗微生物等，后者包括农用抗生素、植物生长调节剂、性信息素、摄食抑制剂、保幼激素和源于植物的生理活性物质等。

但是，在我国农业生产实际应用中，生物农药一般主要泛指可以进行大规模工业化生产的微生物源农药。

二、生物农药的类型

（一）植物源农药

植物源农药以在自然环境中易降解、无公害的优势，现已成为绿色生物农药首选之一，主要包括植物源杀虫剂、植物源杀菌剂、植物源除草剂及植物光活化霉毒等。到目前，自然界已发现的具有农药活性的植物源杀虫剂有"博落回"杀虫杀菌系列、除虫菊素、烟碱和鱼藤酮等。

（二）动物源农药

动物源农药主要包括动物毒素，如蜘蛛毒素、黄蜂毒素、沙蚕毒素等。目前，昆虫病毒杀虫剂在美国、英国、法国、俄罗斯、日本及印度等国已大量施用，国际上已有40多种昆虫病毒杀虫剂注册、生产和应用。

（三）微生物源农药

微生物源农药是利用微生物或其代谢物作为防治农业有害物质的生物制剂。其中，苏云金菌属于芽杆菌类，是目前世界上用途最广、开发时间最长、产量最大、应用最成功的生物杀虫剂；昆虫病源真菌属于真菌类农药，对防治松毛虫和水稻黑尾叶病有特效；根据真菌农药沙蚕素的化学结构衍生合成的杀虫剂巴丹或杀暝丹等品种，已大量用于实际生产中。

三、生物农药的应用

科学使用生物农药，要做到以下几点。

（1）科学选药。生物农药的品种很多，特点不同，价格差别也很大。应根据农产品的生产目的、级别,参考防治对象的种类、农药价格,做到科学选择生物农药。

(2)适时施药。适时施药应根据防治对象的发育时期和农药品种的特性确定。

(3)均匀施药。生物农药的大多数品种属胃毒剂和触杀剂、并极少有内吸传导作用,所以要求做到均匀施药,使作物上的病部和虫体都能喷到农药,才能保证防治效果。

(4)科学贮药。生物农药的贮存,要放在阴凉、干燥通风处,避免在高温或强光下暴晒,配好的药液要当天用完。对活体生物制剂更要十分注意贮药条件和时间,避免损失。

第五节 农药的安全管理

一、安全管理制度

(1)认真贯彻执行《危险化学品安全管理条例》,坚持"安全第一,预防为主"的方针。

(2)经营危险化学品的场所和储存设施符合国家标准和规定。

(3)负责人和业务人员必须经过有关部门的安全培训,并取得上岗资格证,做到持证上岗。

(4)不得经营国家明令禁止的高毒、剧毒农药和杀鼠剂以及其他可能进入大众日常生活的化学产品。

(5)不得经营没有化学品安全技术说明书和安全标签的危险化学品。

(6)经营者必须了解和掌握自己所销售的农药存在的危

险因素。

(7)农药不得与其他货物、危险化学品和日常用品混放在一起。

(8)不得销售假冒伪劣和失效的农药。

(9)经营者不得向未取得危险化学品生产(经营)许可证的企业采购产品。

(10)时刻注意防火、防中毒。

二、岗位操作规程

(1)严格按照国家《农药管理条例》和《危险化学品安全管理条例》及产品说明书正规销售。

(2)经营场所不得擅自离人,并做到持证上岗。

(3)不得混淆产品或卖错、拿错产品。

(4)农药摆放要规范,销售要有详细的登记台账。

(5)一旦发现不安全因素,必须立即向有关部门报告。

三、事故应急救援措施

(1)发生事故(如火灾、中毒等),应立即拨打 110 或 120 急救电话。人员迅速撤离到安全区,防止人员伤亡。

(2)立即组织营救受害人员,组织撤离或者采取其他措施保护事故区域内的其他人员。

(3)迅速控制危险源,并对危险化学品造成的危害进行检测、监测,测定事故的危害区域、危险化学品性质及危害程度。

(4)针对事故对人体、动植物、土壤、水源、空气造成的现实危害和可能产生的危害,迅速采取封闭、隔离、洗消等措施。

第七章　植保机械的使用

植保机械是指用于保护作物和农产品免受病、虫、鸟、兽和杂草等为害的机械,通常是指用化学方法防治植物病虫害的各种喷施农药的机械,也包括用化学或物理方法除草和用物理方法防治病虫害、驱赶鸟兽所用的机械和设备等。植保机械的种类很多,由于农药的剂型、作物种类和防治对象的多样性,农药的施用方法是不同的,这就决定了植保机械也是多种多样的。

第一节　概述

一、植保机械的功用

目前,使用的植保机械,其功用早已超出了防治病虫害的范围,它的功用表现在以下诸多方面。

(1)喷施杀虫剂、杀菌剂用以防治植物虫害、病害。

(2)喷施化学除草剂用以防治杂草。

(3)喷施病原体及细菌等生物制剂用以防治植物病虫害。

(4)喷施液体肥料进行叶面追肥。

(5)喷施生长调节剂、花果减疏剂促进果实的正常生长与成熟。

(6)撒布人工培养的天敌昆虫进行植物病虫害的生物防治。

(7)对病、虫、草、兽、鸟等施以射线、光波、电磁波、超声波、高压电以及火焰、声响等物理能量,达到控制、驱赶或灭除的目的。

(8)对植物种子进行药剂消毒及包衣处理,用以防治播种后的病虫害。

(9)喷施落叶剂或将作物进行适当处理以便于机械收获。

(10)将农药施于翻整过的地面或注入地下,进行土壤消毒用以防治杂草及地下害虫。

二、主要机型结构特点及用途

喷雾是利用专门的装置把溶于水或油的化学药剂、不溶性材料的悬浮液,各种油类以及油与水的混合乳剂等分散成为细小的液滴,均匀地散布在植物体或防治对象表面达到防治目的,是应用最广泛的一种施药方法。

在农作物的病虫害防治工作中,喷雾器适用于水稻、棉花、小麦、蔬菜、茶、烟、麻等多种农作物的病虫害防治;也适用于农村、城市的公共场所、医院等部门的卫生防疫。

喷雾机的功能是使药液雾化成细小的雾滴,并使之喷洒在农作物的茎叶上。田间作业时对喷雾机的要求是:雾滴大小适宜、分布均匀、能达到被喷目标需要药物的部位,雾滴浓度一致、机器部件不易被药物腐蚀、有良好的人身安全防护装置。喷雾机按药液喷出的原理分为液体压力式喷雾机、离心式喷雾机、风送式喷雾机和静电式喷雾机等。此外,如按单位面积施药液量的大小来分,可以分为高容量、中容量、低容量和超低容量喷雾机等。

第二节 手动喷雾器

一、手动喷雾器的结构

以工农-16型手动喷雾器为例进行介绍,其结构组成如图7-1。典型手动喷雾器的液泵为往复式活塞泵,装在药液箱内,由泵盖、泵筒、活塞杆、皮碗、进水球阀、出水球阀和吸水滤网等组成,空气室位于药箱外。喷射部件由胶管、直通开关(截流阀)、套管、喷管和空心圆锥雾喷头等组成。工作时,操作者左手摇动压杆,右手握住手柄套管,即可进行喷雾作业。

当摇动压杆时,连杆带动活塞杆和皮碗,在泵筒内做上下运动,当活塞杆和皮碗上行时,出水球阀关闭,泵筒内皮碗下方的容积增大,形成真空,药液箱内的药液在大气压力的作用下,经吸水滤网,冲开进水球阀;涌入泵筒中。当压杆通过杆件带动活塞杆和皮碗下行时,进水球阀被关闭,泵筒内皮碗下方容积减少,压力增大,所储存的药液即冲开出水球阀,进入空气室。由于活塞杆带动皮碗不断地上下运动,使气室内的药液不断增加,空气室内空气被压缩,从而产生了一定的压力,这时如打开截流阀,气室内的药液在压力作用下,通过出水接头,压向胶管,流入喷管、喷头体的涡流室,经喷孔呈雾状喷出。

NS-16型手动喷雾器是根据国外先进技术研制的喷雾

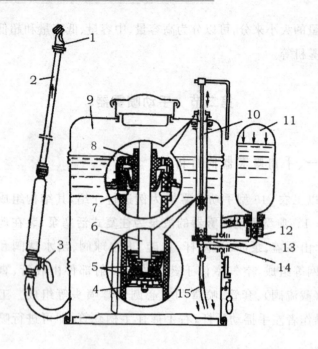

1. 喷头 2. 喷杆 3. 开关 4. 螺母 5. 皮碗
6. 活塞杆 7. 毡圈 8. 泵盖 9. 药液箱 10. 泵筒
11. 空气室 12. 出水球阀 13. 出水阀座 14. 吸水球阀 15. 吸水管

图 7-1　工农-16 型手动喷雾器结构图

器代表产品之一,同类型的产品还有 NS-20、NS-20B、3WS-16 等多种产品,它们与工农-16 型喷雾器的工作原理完全相同。这类喷雾器有如下特点:采用大排量活塞泵,稳压性能突出,操作轻便、省力,摇动次数少,升压快;除了配备我国已普遍采用的切向离心式空心圆锥雾喷头外,还配备了扇形雾喷头(即狭缝喷头)以及可调雾喷头,并配备了 T 形双喷头侧喷杆、U 形双喷头喷杆、T 形双喷头直喷杆以及 T 形四喷头直喷杆,供用户选择使用,以适合不同的施药对象及不同的行间间距之需;采用膜片式揿压截流阀,不易渗漏,操作灵活,可连续喷洒,也可以点喷,针对性强,可节省农药。

二、施药前的准备工作

(1)气象条件。通过改变喷片孔径大小,手动喷雾器既可作常量喷雾,也可作低容量喷雾。进行低量喷雾时,风速应在1～2米/秒;进行常量喷雾时,风速应小于3米/秒,当风速大于4米/秒时不可进行农药喷洒作业。降雨时和气温超过32℃时也不允许喷洒农药。

(2)机具的调整。

①背负式喷雾器装药前,应在喷雾器皮碗及摇杆转轴处,气室内置的喷雾器应在滑套及活塞处涂上适量的润滑油。

②压缩喷雾器使用前应检查并保证安全阀的阀芯运动灵活,排气孔畅通。

③根据操作者身材,调节好背带长度。

④药箱内装上适量清水并以10～25次/分钟的频率摇动摇杆,检查各密封处有无渗漏现象;喷头处雾型是否正常。

⑤根据不同的作业要求,选择合适的喷射部件。

喷头选择:喷除草剂、植物生长调节剂使用扇形雾喷头;喷杀虫剂、杀菌剂应用空心圆锥雾喷头。

单喷头:适用于作物生长前期或中后期进行各种定向针对性喷雾、飘移性喷雾。

双喷头:适用于作物中后期株顶定向喷雾。

横杆式三喷头、四喷头:适用于蔬菜、花卉及水、旱田进行株顶定向喷雾。

三、施药中的技术规范

（1）作业前先按操作规程配制好农药。向药箱内加注药液前，一定要将开关关闭，以免药液漏出，加注药液要用滤网过滤。药液不要超过桶壁上所示水位线位置。加注药液后，必须盖紧桶盖，以免作业时药液漏出。

（2）背负式喷雾器作业时，应先压动摇杆数次，使气室内的气压达到工作压力后再打开开关，边走边打气喷雾。如压动摇杆感到沉重，就不能过分用力，以免气室爆炸。对于工农-16型喷雾器，一般走2～3步摇杆上下压动一次；每分钟压动摇杆18～25次即可。

（3）作业时，空气室中的药液超过安全水位时，应立即停止压动摇杆，以免气室爆裂。

（4）压缩喷雾器作业时，加药液不能超过规定的水位线，保证有足够的空间储存压缩空气。以便使喷雾压力稳定、均匀。

（5）没有安全阀的压缩喷雾器，一定要按产品使用说明书上规定的打气次数打气（一般30～40次），禁止加长杠杆打气和两人合力打气，以免药液桶超压爆裂。压缩喷雾器使用过程中，药液压力会不断下降，当喷头雾化质量下降时，要暂停喷雾，重新打气充压，以保证良好的雾化质量。

（6）针对不同的作物，病虫草害和农药选用正确的施药方法。

①土壤处理喷洒除草剂施药质量要求。易于飘失的小雾滴要少，避免除草剂雾滴飘移引起的作物药害；药剂在田间沉积分布均匀，保证防治效果，避免局部地区药量过大造成的除草剂药

害。因此,除草剂应采用扇形雾喷头,操作时喷头离地高度、行走速度和路线应保持一致;也可用安装二喷头、三喷头的小喷杆喷雾。

如用空心圆锥雾喷头,操作者摆动喷杆喷洒除草剂,喷头在喷幅内呈"Z"字形运动,药剂沉积分布不均匀。试验测定,若施药量大,操作者行走速度慢,药剂沉积分布变异系数就小。因此,这时要求施药量为 600 升/公顷。

②当用手动喷雾器喷雾防治作物病虫害时,最好选用小喷片,切不可用钉子人为把喷头冲大。这是因为小喷片喷头产生的农药雾滴较粗大喷片的雾滴细,对病虫害防治效果好。

③使用手动喷雾器喷洒触杀性杀虫剂防治栖息在作物叶背的害虫(如棉花苗蚜),应把喷头朝上,采用叶背定向喷雾法喷雾。

④使用喷雾器喷洒保护性杀菌剂,应在植物未被病原菌侵染前或侵染初期施药,要求雾滴在作物靶标上沉积分布均匀,并有一定的雾滴覆盖密度。

⑤使用手动喷雾器行间喷洒除草剂时,一定要配置喷头防护罩,防止雾滴飘移造成的邻近作物药害;喷洒时喷头高度保持一致,力求药剂沉积分布均匀,不得重喷和漏喷。

⑥几架药械同时喷洒时,应采用梯形前进,下风侧的人先喷,以免人体接触药液。

第三节　背负式机动喷雾喷粉机

用户在购机后,首先应认真阅读产品使用说明书,熟悉背负式喷雾喷粉机的结构和工作原理,使用时应严格按产品使用说明书中规定的操作步骤、方法进行。有条件的应参加生产厂或植保站等单位举办的用户培训班。该机使用方法简述如下。

一、启动前的准备

检查各部件安装是否正确、牢固;新机器或封存的机器首先排除缸体内封存的机油;卸下火花塞,用左手拇指梢堵住火花塞孔,然后用启动绳拉几次,将多余油喷出;将连接高压线的火花塞与缸体外部接触;用启动绳拉动启动轮,检查火花塞跳火情况,一般蓝火花为正常。

二、启动

(1)加燃油本机采用的是单缸二冲程汽油机,烧的是混合油,即机油和汽油的混合油。汽油为 $66\sim70$ 号,机油为 $6\sim10$ 号。汽油与机油的混合比为 $15:1\sim20:1$(容积比)。或用二冲程专用机油,汽油与机油的混合比为 $35:1\sim40:1$。汽油、机油均应为未污染过的清洁油,并严格按上述比例配制。配制后要晃均匀,经加油口过滤网倒入油箱。

(2)开燃油阀开启油门,将油门操纵手柄往上提 $1/3\sim1/2$ 位置。

(3)揿加油杆至出油为止。

(4)调整阻风门关闭 $2/3$,热机启动可位于全开位置。

(5)拉启动绳启动后将阻风门全部打开,同时,调整油门使汽油机低速运转 $3\sim5$ 分钟。

若汽油机启动不了或运转不正常,应分别检查电路和油路。简单调整检查方法是：调整断电器间隙在 0.2～0.3 毫米；调整火花塞电极间隙在 0.6～0.7 毫米，火花塞电极间有积炭应及时清理；按汽油机使用说明书调整点火提前角；油路应畅通。

三、喷洒作业

（1）喷雾作业方法。全机具应处于喷雾作业状态，先用清水试喷，检查各处有无渗漏。然后根据农艺要求及农药使用说明书配比药液。药液经滤网加入药箱，盖紧药箱盖。

机具启动，低速运转。背机上身，调整油门开关使汽油机稳定在额定转速左右。然后开启手把开关。

喷药液时应注意：开关开启后，严禁停留在一处喷洒，以防引起药害；调节行进速度或流量控制开关（部分机具有该功能开关）控制单位面积喷量。

因弥雾雾粒细、浓度高，应以单位面积喷量为准，且行进速度一致，均匀喷洒，谨防对植物产生药害。

（2）喷粉作业方法。机具处于喷粉工作状态，关好粉门与风门，检查是否有漏点。所喷粉剂应干燥，不得有杂物或结块现象。加粉后盖紧药箱盖。

机具启动低速运转，打开风门，背机上身。调整油门开关使汽油机稳定在额定转速左右。然后调整粉门操纵手柄进行喷撒。

四、停止运转

先将粉门或药液开关关闭。然后减小油门使汽油机低速运转，3～5 分钟后关闭油门，关闭燃油阀。

使用过程中应注意操作安全,注意防毒、防火、防机器事故发生。避免顶风作业,操作时应佩戴口罩,一人操作时间不宜过长。

第四节　担架式机动喷雾机

担架式机动喷雾机是喷射式机动喷雾机的主要机型,具有工作压力高、喷雾幅宽、工作效率高、劳动强度低等优点,是一种主要用于水稻大、中、小不同田块病虫害防治的机具,也可用于供水方便的大田作物、果园和园林病虫害防治。下面以高效宽幅远射程机动喷雾机系列机型为例对该类机具进行介绍(图7-2)。

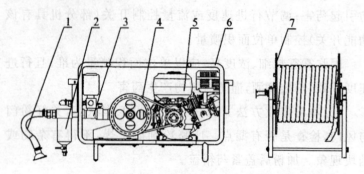

1. 吸水部件　2. 过滤器　3. 三缸柱塞泵
4. 传动装置　5. 汽油机　6. 机架　7. 卷管架
图7-2　担架式高效宽幅远射程机动喷雾机

工作原理:启动动力机,由动力带动液泵工作,产生的高压水流经调压阀调节出水压力后由宽幅远射程喷射部件雾化喷出,形成所需高压宽幅均匀雾流。该机主要部件由机架(担架式或框架式)、动力机(汽油机、柴油机或拖拉机等)、液泵（活塞泵、柱塞泵或活塞隔膜泵）、压力表、调压卸荷部件、传动部件、吸水部件和喷洒部件（宽幅远射程喷枪）等组成，有的还配用了混药器、过滤器和卷管架，见图 7－2。

第五节　喷杆式机动喷雾机

喷杆式机动喷雾机是一种将喷头装在横向喷杆或竖喷杆上的机动喷雾机。该类喷雾机作业效率高，喷洒质量好，喷液量分布均匀，适合于大面积喷洒各种农药、肥料和植物生长调节剂等的液态制剂，广泛用于大田作物、球场草坪管理及某些特定的场合（如机场融雪、公路除草和苗圃灌溉等）。

用于水稻大面积病虫害防治作业的一般是悬挂式喷杆喷雾机，喷杆部件通过拖拉机三点悬挂装置与拖拉机相连接，液泵由拖拉机动力输出轴驱动，药箱容积一般为 200～800 升，喷杆水平配置，喷头直接装在喷杆下面，这是最常用的一种机型。喷杆长度不等，喷幅一般为 8 米、12 米、24 米等规格，并安装有水田专用行走轮，以适应水稻田特殊的工作条件。

喷杆式喷雾机的种类众多，但其构造和原理基本相同。

工作时，由拖拉机的动力输出轴驱动液泵转动，液泵从药箱吸取药液，以一定的压力排出，经过过滤器后输送给调压分配阀和搅拌装置；再由调压分配阀供给各路喷头，药液通过喷杆上的喷头形成雾状后喷出。调压阀用于控制喷杆喷头的工作压力，当压力高时，药液通过旁通管路返回药液箱。如果需要进行搅拌，可以打开搅拌控制阀门，让一部分药液经过液力搅拌器，返回药液箱，起搅拌作用，保证农药与稀释液均匀混合。药泵和喷头是喷雾装置中对喷雾质量最有影响的零（部）件。药泵能够提供足够的喷雾压力和流量，以保证喷雾质量的基本要求。在此基础上，对不同喷雾指标的满足程度则主要取决于喷头类型和工作参数的选择。

参考文献

[1]邵明,王明祖,曾宪顺．食用菌病虫害防治手册．湖北:湖北科技出版社,2006.

[2]郑建秋．现代蔬菜病虫害防治手册．北京:中国农业出版社,2004.

[3]王瑞灿,孙企农．园林花卉病虫害防治手册．上海:上海科学技术出版社,2001.

[4]张东海.农作物植保员.北京:中国劳动社会保障出版社,2009.

[5]农业部人事劳动司,农业职业技能培训教材编审委员会.农作物植保员.北京:中国农业出版社,2004.

[6]张元恩.蔬菜植保培训教材(北方本).北京:金盾出版社,2008.

[7]王杰秀.农作物病虫害.北京:石油工业出版社,2008.

[8]屠豫钦.农药科学使用指南.北京:金盾出版社,2009.